德阳换流站
—— 换流站运维管理

国网四川检修公司特高压交直流运检中心　编

西南交通大学出版社
·成都·

图书在版编目（CIP）数据

德阳换流站：换流站运维管理／国网四川检修公司特高压交直流运检中心编 . — 成都：西南交通大学出版社，2016.11
　ISBN 978-7-5643-5137-3

Ⅰ . ①德… Ⅱ . ①国… Ⅲ . ①换流站 – 管理 Ⅳ . ① TM63

中国版本图书馆 CIP 数据核字（2016）第 276379 号

德阳换流站
——换流站运维管理

国网四川检修公司特高压交直流运检中心 编

责 任 编 辑	李芳芳
助 理 编 辑	张文越
封 面 设 计	墨创文化
出 版 发 行	西南交通大学出版社 （四川省成都市二环路北一段 111 号 西南交通大学创新大厦 21 楼）
发 行 部 电 话	028-87600564　028-87600533
邮 政 编 码	610031
网　　　　址	http://www.xnjdcbs.com
印　　　　刷	四川玖艺呈现印刷有限公司
成 品 尺 寸	185 mm × 260 mm
印　　　　张	12.75
字　　　　数	258 千
版　　　　次	2016 年 11 月第 1 版
印　　　　次	2016 年 11 月第 1 次
书　　　　号	ISBN 978-7-5643-5137-3
定　　　　价	69.00 元

图书如有印装质量问题　本社负责退换
版权所有　盗版必究　举报电话：028-87600562

PREFACE 前 言

直流输电承担着大型能源基地电力外送和跨大区联网的重任,是实现资源优化配置的重要手段,同时关系着大电网能否安全稳定运行。直流输电对确保电网长期安全可靠运行意义重大。

为了满足高压直流输电对人才的需求,提高培训工作的系统性和针对性,加快人才培养速度,国家电网四川检修公司组织特高压交直流运检中心运行维护人员编写了《德阳换流站》一书,本书参考了设备厂家说明书、现场运行规程,并总结了实际运维经验,内容涵盖了直流输电的基本原理、换流站主设备及接线方式、控制保护、换流阀及水冷系统,特别是对换流站现场运维技能及典型故障进行了详细描述,编写力求准确、清晰,面向生产一线,突出现场实用性。

本书由丁志林担任主编,李贤庆、彭东担任副主编。

其中第一章，第二章的第一、二、三节，第七章的第三、四和五节由邱大强编写；第三章，第七章的第一、二节由郑希云编写；第四章由涂志波编写；第二章的第四节，第八章的第一、二节由刘俊丽编写；第五章、第六章、第八章的第三节由段涛编写。孙永亮、吴喜红、沙胜、李文泉、柳松延等参与了本书的文字校对工作。

  本书在编写过程中得到公司各部门的大力支持，同时也得到德阳换流站其他同事的鼎力相助，特在此表示感谢。由于编者水平和经验有限，书中难免有疏漏之处，望广大读者批评指正。

编 者

2016 年 8 月

CONTENTS 目 录

01 第 1 章 直流输电系统概况 ·················· 001

　　1.1 国外直流输电系统发展 ·················· 001

　　1.2 国内直流输电系统发展 ·················· 002

　　1.3 直流输电系统结构及其优缺点 ············ 003

02 第 2 章 直流输电系统原理及典型运行方式 ······· 007

　　2.1 换流原理分析 ·················· 007

　　2.2 换流站典型接线 ·················· 014

　　2.3 接地极 ·················· 018

　　2.4 换流站典型运行方式 ·················· 019

03 第 3 章 德阳换流站一次主设备 ·················· 023

　　3.1 换流变压器 ·················· 023

　　3.2 换流阀 ·················· 031

　　3.3 平波电抗器 ·················· 031

　　3.4 直流滤波器 ·················· 035

　　3.5 断路器 ·················· 035

　　3.6 隔离开关、接地刀闸 ·················· 041

　　3.7 电流互感器 ·················· 043

　　3.8 电压互感器 ·················· 047

　　3.9 交流滤波器 ·················· 050

　　3.10 避雷器 ·················· 052

第 4 章 德阳换流站二次设备 ……………………054
- 4.1 交流继电保护系统 ……………………054
- 4.2 直流控制系统 ……………………063
- 4.3 直流保护系统 ……………………072
- 4.4 直流控制和保护系统工程实现 …………073

第 5 章 换流阀及阀控系统 ……………………103
- 5.1 晶闸管换流阀性能概述 ……………………104
- 5.2 换流阀阀塔结构 ……………………108
- 5.3 换流阀阀控系统 ……………………116

第 6 章 阀水冷系统 ……………………127
- 6.1 阀内水冷系统 ……………………127
- 6.2 阀外水冷系统 ……………………138

第 7 章 德阳换流站辅助系统 ……………………147
- 7.1 站用电系统 ……………………147
- 7.2 站用电直流系统 ……………………150
- 7.3 工业水系统 ……………………151
- 7.4 空调系统 ……………………151
- 7.5 消防系统 ……………………152

第 8 章 德阳换流站运维检修管理 ……………………155
- 8.1 调度管理 ……………………155
- 8.2 运维管理 ……………………160
- 8.3 检修管理 ……………………165
- 8.4 德阳换流站故障处理 ……………………173

参考文献 ……………………198

第 1 章　直流输电系统概况

直流输电工程是以直流电的方式实现电能输送的工程。在进行远距离、大容量输电时，它能够实现不同额定频率交流系统的互联，提高交流系统互为备用和紧急情况下系统相互支援的能力。我国幅员广大，土地辽阔、沿海岛屿星罗棋布，我国水力资源主要分布在西南地区，煤炭资源 70% 集中在山西和内蒙古，而工业负荷却集中在沿海地区，因此直流输电有着广阔的发展前景。

1.1　国外直流输电系统发展

电力传输首先是从直流电开始，最早的直流输电是用直流发电机直接向负荷供电。1882 年法国物理学家德普勒用装设在米斯巴赫煤矿中的直流发电机，以 1.5~2.0 kV 电压，沿着 57 km 的电报线路，把电力输送到在慕尼黑举办的国际展览会上，完成了人类有史以来的第一次直流输电试验。

由于科学技术和工业生产发展的需要，使得社会对电力的需求也急剧增大。由于用户的电压不能太高，因此要提高输送的功率就要加大电流。电流越大，输电线路发热就越厉害，损失的功率就越多；而且电流大，损失在输电导线上的电压也大，用户得到的电压就会降低，离发电站越远的用户得到的电压也就越低。直流输电的弊端限制了电力的应用，这促使人们探讨用交流输电的问题。1889 年在法国通过用直流发电机串联得到高电压，如从毛梯埃斯（Mouties）到里昂（Lyon）的 125 kV，20 MW，230 km 的直流输电工程等。由于不能直接给直流电升压，进一步提高大功率发电机的额定电压又存在着绝缘等一系列技术难题，使得输电距离受到极大的限制，不能满足输送容量增长和输电距离增加的要求。高电压大容量直流电机的换向有困难，运行方式复杂，可靠性差，所以直流输电没有得到进一步的发展。与此同时，交流发动机、变压器和感应电动机的快速发展使得交流电的发电、变电、输送、分配和使用都很方便、经济、安全和可靠，因此交流电几乎完全代替直流电并发展成为今天的规模巨大的电力系统。

20世纪50年代，电力需求增长很快，随着电力系统的大规模发展，输电功率和输电距离进一步增加，交流输电也遇到了一系列不可克服的技术难题，其局限性在生产实践中表现得特别明显。此时，大功率电力电子技术的研究成功为高压直流输电突破了早期直流技术的壁垒，于是直流输电技术又重新为人们所重视。从1954年世界上第一项直流输电工程在瑞典投入商业运行以来，高压直流输电技术已经在远距离大容量输电、海底电缆送电、电力系统非同步互联等领域得到了广泛的应用。

换流器作为直流输电系统最核心的设备，其技术发展直接决定了直流输电的发展进程，根据换流器的发展进程可以将直流输电系统的发展分为以下几个时期：

（1）汞弧阀换流时期：1901年发明的汞弧整流管只能用于整流，不能逆变。1928年研制成功了具有栅极控制能力的汞弧阀，它不但可用于整流，而且还可以进行逆变。大功率汞弧阀的问世使直流输电成为现实。但是，汞弧阀制造技术复杂、价格昂贵、逆弧故障率高、可靠性较低、运行维护不便等因素，使直流输电的发展受到限制。

（2）晶闸管阀换流时期：20世纪70年代以后，电力电子技术和微电子技术的迅速发展，高压大功率晶闸管的问世，晶闸管换流阀和微机控制技术在直流输电工程中的应用，这些进步有力地促进了直流输电技术的发展。晶闸管换流阀不存在逆弧问题，而且制造、试验、运行维护和检修都比汞弧阀更加简单和方便。晶闸管换流阀比汞弧阀更有明显的优势，之后修建的直流工程均采用晶闸管换流阀。

（3）新型半导体换流设备的应用：20世纪90年代以后，新型氧化物半导体器件——绝缘栅双极晶体管（IGBT）得到广泛的应用。由于IGBT单个元件的功率小、损耗大，不利于大型直流输电工程采用。随后又成功研制出集成门极换相晶闸管（IGCT）和大功率碳化硅元件，该元件电压高、通流能力大、损耗低、体积小、可靠性高，并具有自关断能力。

1.2　国内直流输电系统发展

我国最早的直流输电工程是葛洲坝至上海±500 kV的双极直流输电工程。该工程在1990年投运，额定容量为1200 MW，输送直流电流为1200 A，输电距离为1045.7 km；其中，葛洲坝为整流站，上海是逆变站。2009年为800 kV特高压直流输电示范工程年，四川向家坝至上海带电调试成功，额定容量为6400 MW，线路全长1907 km，该工程标志着我国特高压直流输电技术正式商业使用。目前我国主要的直流输电工程如表1-1所示。

表 1-1 我国直流输电工程

序号	工程名称	额定电压/kV	额定容量/MW	时间
1	葛南直流输电工程	±500	1200	1989
2	天广直流输电工程	±500	1800	2000
3	龙政直流输电工程	±500	3000	2003
4	江城直流输电工程	±500	3000	2004
5	三广直流输电工程	±500	3000	2004
6	贵广Ⅰ直流输电工程	±500	3000	2004
7	贵广Ⅱ直流输电工程	±500	3000	2004
8	灵宝背靠背直流工程	±120	360	2005
9	宜华直流输电工程	±500	3000	2006
10	高岭背靠背直流工程	±125	750	2008
11	伊穆直流输电工程	±500	3000	2010
12	德宝直流输电工程	±500	3000	2010
13	±800 kV 复奉直流输电工程	±800	6400	2010
14	云广直流输电工程	±800	5000	2010
15	林枫直流输电工程	±500	3000	2011
16	银东直流输电工程	±660	4000	2011
17	柴拉直流输电工程	±400	600	2012
18	±800 kV 锦苏特高压直流工程	±800	7200	2012
19	黑河背靠背输电工程	±125	750	2012
20	±800 kV 天中直流输电工程直流工程	±800	8000	2014
21	±800 kV 宾金特高压直流输电工程	±800	8000	2014
22	普侨直流输电工程	±800	5000	2015
23	牛从直流输电工程	±500	6400（双回容量）	2015
24	金中直流输电工程	±500	3200	2016
25	永富直流输电工程	±500	3000	2016

1.3　直流输电系统结构及其优缺点

1.3.1　直流输电系统结构

直流输电系统的结构可以分为双端系统和多端系统两类。目前国内外实际运营的直流输电系统大多为双端系统，其结构如图 1-1 所示。

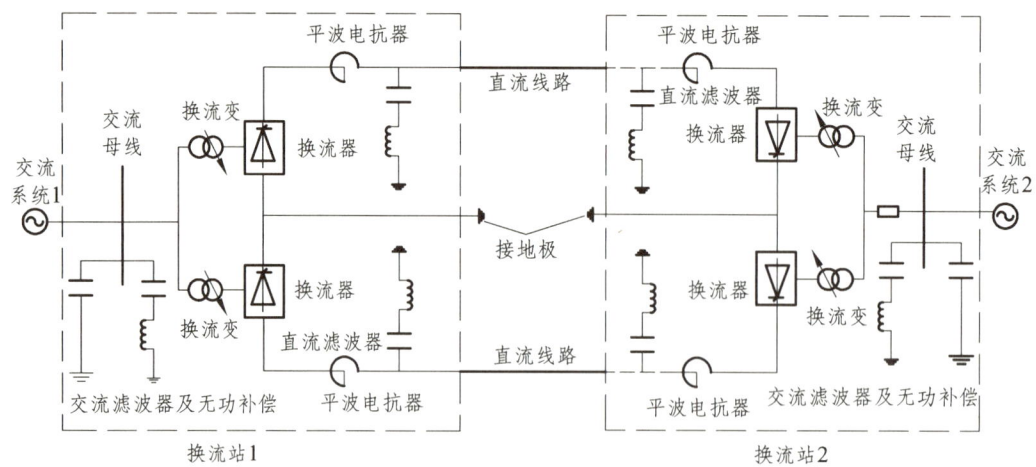

图 1-1 直流输电系统结构

一个完整的直流输电系统主要由三部分组成：换流站1、直流输电线路和换流站2。其中，换流站1和换流站2的直流场设备种类和布局基本一样，交流场则根据交流进线和出线的线路多少略有不同。每个换流站均可以运行在整流和逆变工况下。系统正常运行时，换流1、2系统根据潮流传输方向不同而分别运行在不同的整流和逆变方式下。换流站主要由以下设备构成：

（1）交流场：换流站的交流场与一般500 kV变电站布局基本相同，它主要是为换流器输送和接受电能。

（2）交流滤波器：由于换流器在换流时会产生大量的谐波电压和谐波电流并且吸收大量的无功功率，因此换流站通过交流滤波器滤除换流器产生的谐波并补偿换流器消耗的无功功率。在强交流系统中通常采用并联电容形式的补偿。

（3）换流变压器：主要为换流器提供合适的交流电压。

（4）换流器：主要完成"交-直"和"直-交"的电能转换。

（5）平波电抗器：它具有高达1.0H的电感值，被串联在换流器的直流侧，主要有以下作用：

① 降低直流线路中的谐波电压和电流；

② 防止换流器换相失败；

③ 防止轻负荷时电流不连续；

④ 限制直流线路短路期间整流器中的峰值电流。

（6）直流滤波器：换流器在直流侧产生大量的谐波电压和谐波电流，这些谐波可能导致电容器和附近的电机过热，并且干扰远动通信系统。因此，在直流侧都装有滤波装置。

（7）接地极：大多数的直流联络线设计采用大地作为中性导线，至少在较短的一段时间内是这样。与大地相连接的导体需要有较大的表面积，以便使电流密度和表面电压梯度最小，这个导体被称为电极。如前所述，如果必须限制流经大地的电流，可以用金属性回路的导体作为直流线路的一部分。

（8）直流输电线：它们可以是架空线，也可以是电缆。除了导体数和间距的要求有差异外，直流线路与交流线路十分相似。

为了保证系统功率的平衡，无论是双端系统还是多端系统，其中必须有一个换流站采用定直流电压控制模式，而其他换流站的工作模式可因应用场合的不同而有不同选择。双端的直流输电系统中一旦有一个换流站因故障而退出运行时，整个直流输电系统都将停止运行，严重时将影响电网的正常运行。

1.3.2 直流输电系统的优缺点

目前主要采用高压直流进行长距离、大容量输电线路和大区电网间的互联。在进行输电线路建设时，线路的经济性和对环境的影响是主要考虑的对象，互联线路则需要把整个电网的稳定放在首位。与交流输电相比较，直流输电具有下列优点。

1. 经济性

首先，线路造价低，节省电缆费用。直流输电只需两根导线，若采用大地或海水作回路只用一根导线，能够节省大量线路投资，因此电缆费用省得多。其次，运行电能损耗小，传输节能效果显著。直流输电导线根数少，电阻发热损耗小，没有感抗和容抗的无功损耗，且传输功率的增加使单位损耗降低，大大提高了电力传输中的节能效果。最后，线路走廊窄，节省征地费用。以同级 500 kV 电压为例，直流线路走廊宽仅 40 m，对于数百千米或数千千米的输电线路来说，其节约的土地量是很可观的。

2. 可以实现异步联网

交流输电系统中，所有连接在电力系统中的同步发电机必须保持同步运行。由于交流系统具有电抗，输送的功率有一定的极限，当系统受到某种扰动时，有可能使线路上的输送功率超过它的极限。这时，送端的发电机和受端的发电机可能失去同步而造成系统的解列。当采用直流系统连接两个交流系统时，频率不同或相同的交流系统可以通过直流输电或"交流-直流-交流"的"背靠背"换流站实现异步联网运行，既得到联网运行的经济效益，又避免交流联网在发生事故时的相互影响，不存在同步的问题。

换流站能够方便、快速地调节有功功率和实现潮流翻转，不仅在正常运行时保证稳定地输出功率，而且在事故情况下，可通过正常的交流系统一侧由直流线路对另一侧事故系统进行支援，从而提高系统运行的可靠性。当直流输电系统的一极出现故障，另一极仍能以大地或水为回路，继续输送一半的功率，提高了运行的可靠性。

在进行海底输电时，由于海下输电必须采用电缆。电缆线路的电容比架空线路大得多，较长的海底电缆交流输电很难实现，而采用直流电缆线路就比较容易。

直流输电与交流输电相比，有如下缺点：

（1）与直流输电线路经济优越性相对的是，换流站内的换流装置昂贵，抵消了一部分在架空线路上所节约的成本。同时，换流装置要消耗大量的无功功率。

（2）直流输电换流器需要消耗一定的无功功率，一般情况下约为直流输送功率的50%～60%。因此，换流站的交流侧需要安装一定数量的无功补偿设备，一般由具有电容性的交流滤波器提供无功功率。

（3）直流输电线路难以引出分支线路，绝大部分只用于端对端送电，而交流输电工程只要存在变电站，就可以在变电站中引出出线供给当地电力供应，相对而言直流工程在灵活性上有所欠缺。

（4）换流器运行时在交流侧和直流侧都将产生谐波电流和电压，使电容器和发电机过热，换流器控制不稳定，对通信系统产生干扰。一般在交流侧安装滤波器限制谐波影响。直流线路在运行时，导线周围空间产生离子场，线下合成场强对人体会产生影响。线路和换流站设备产生的无线电会对无线电通信产生干扰，产生的噪声会使附近的居民以及换流站的工作人员受到伤害。接地极附近地下（或海水中）的直流电流对金属构件、管道、电缆等埋设物有腐蚀作用；地中直流电流通过中性点接地变压器使变压器直流偏磁，产生局部过热、振动、噪声等；以海水作为回路时，会对通信系统和航海磁性罗盘产生干扰。

第 2 章 直流输电系统原理及典型运行方式

本章将主要分析换流器的工作原理、系统的结构以及系统的数学模型，并通过分析整流后的波形来阐述换流器的开通和关断顺序，进一步帮助大家理解换流器的实际工作情况。同时，文中还介绍了换流站主设备接线和换流站运行方式，通过这些介绍进一步加深读者对换流站的认识。

2.1 换流原理分析

2.1.1 换流阀特性

高压直流系统的换流阀由多个单阀组成，单阀则由多个阀组件组成，每个阀组件又由多个晶闸管（Thyristor）串联组成。晶闸管作为换流阀的最小单元，其结构为 PNPN 四层半导体结构，它有三个极：阳极、阴极和门极。晶闸管具有硅整流器件的特性，能在高电压、大电流条件下工作，且其工作过程可以控制，故被广泛应用于可控整流、交流调压、无触点电子开关、逆变及变频等电子电路中。

晶闸管在工作过程中，它的阳极（正极：A）和阴极（负极：K）与电源和负载连接，组成晶闸管的主电路，晶闸管的门极 G 和阴极 K 与控制晶闸管的装置连接，组成晶闸管的控制电路。晶闸管特性曲线如图 2-1 所示。晶闸管为半控型电力电子器件，它的工作条件如下。

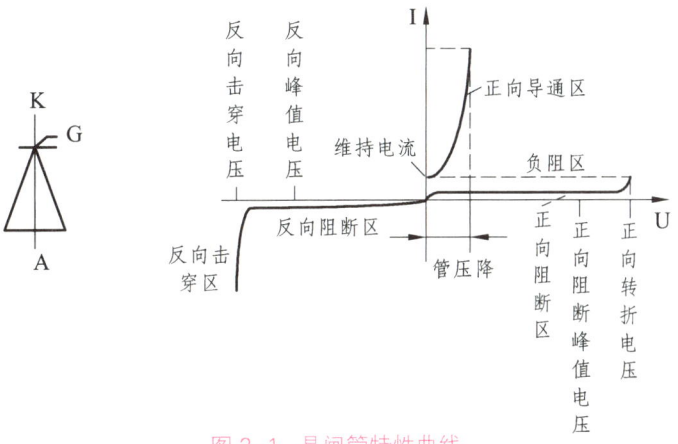

图 2-1　晶闸管特性曲线

（1）晶闸管承受反向电压时，不管门极承受何种电压，晶闸管始终都处于断开状态。

（2）晶闸管承受正向电压且大于导通电压时，仅在门极承受正向电压（门极收到触发信号）的情况下晶闸管才导通。这时晶闸管处于正向导通状态，这就是晶闸管的闸流特性，即可控特性。

（3）晶闸管在导通情况下，只要有一定的正向阳极电压，不论门极电压如何，晶闸管保持导通，即晶闸管导通后，门极失去作用。

（4）晶闸管在导通情况下，当主回路电压（或电流）减小到接近于零时，晶闸管关断。

在高压直流系统中，由于换流阀是由晶闸管串联组成的，所以每个换流阀的开断特性与晶闸管的开断特性相似，也是单向导通。在正方向时，电流从阳极到阴极，导通时阀上会有一个小的压降；在反方向时，即施加在换流阀的电压使阴极相对于阳极为正时，阀关断。同时，由于各元件的特性不一致，可能会造成晶闸管间电压分布不匀，因此在选用组成换流阀的晶闸管元件时，一般要求各元件具有下列的性能：耐压强度高，过流能力强，开通、关闭时间短，并尽量一致，正向压降小，剩余载流子电荷差值小，有承受较大的导通电流变化率（di/dt）和关断电压变化率（dv/dt）的能力等。

2.1.2 换流电路分析

高压直流换流器的基本模块是三相全波桥式电路，变压器的交流侧绕组通常采用星形接地（Y_0）联结，阀侧绕组通常采用星形（Y）或三角形（△）联结，其接线示意图如图2-2所示。

为方便分析，一般将其中阴极连接在一起的3个晶闸管（V_1、V_3、V_5）称为共阴极组；阳极连接在一起的3个晶闸管（V_4、V_6、V_2）称为共阳极组。此外，习惯上希望晶闸管按从1至6的顺序导通，为此将晶闸管编号，如图2-2所示。

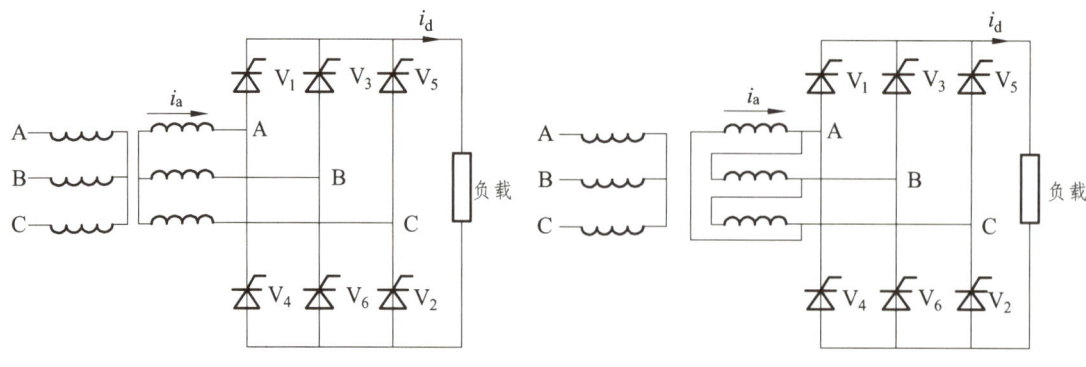

图2-2 换流阀接线示意图

为便于分析换流器的换流过程，我们先做以下假设。

（1）含有换流变压器的交流系统可认为是由一个电压和频率恒定的理想电压源与一个无损电感串联；

（2）直流电流（i_d）保持恒定且无纹波，这是因为在直流侧采用了一个较大的平波电抗器（L_d）；

（3）换流阀具有理想的开关特性，导通时呈零电阻，截止时呈无穷大电阻。

1. 理想情况下的整流电路

首先分析换流阀触发角 $\alpha = 0$ 时的情况（即换流阀的触发脉冲 p_i 在晶闸管承受正向电压时刻到来），此时可将电路中的换流阀当作二极管对待。对于共阴极组的 3 个换流阀，阳极所接交流电压值最高的一个导通。而对于共阳极组的 3 个换流阀，则是阴极所接交流电压值最低（或者说负得最多）的一个导通。其简化电路如图 2-3 所示。

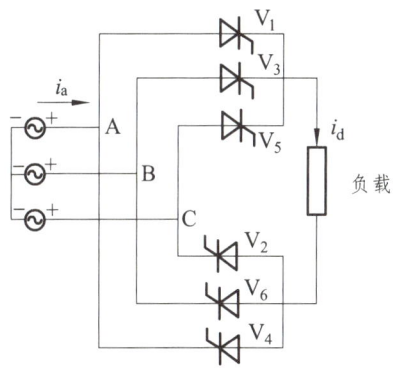

图 2-3 换流器等效示意图

从图 2-3 可以看出，在任意时刻共阳极组和共阴极组中各有 1 个晶闸管处于导通状态，施加于负载上的电压为某一线电压。上面一排阀 1，3，5 的阴极连接在一起，下面一排阀 2，4，6 的阳极连接在一起。假设换流器的输入电压为公式（2-1）。

$$\begin{cases} u_a = E_m \sin(\omega t + 30) \\ u_b = E_m \sin(\omega t + 150) \\ u_c = E_m \sin(\omega t + 270) \end{cases} \tag{2-1}$$

电压波形如图 2-4 所示。

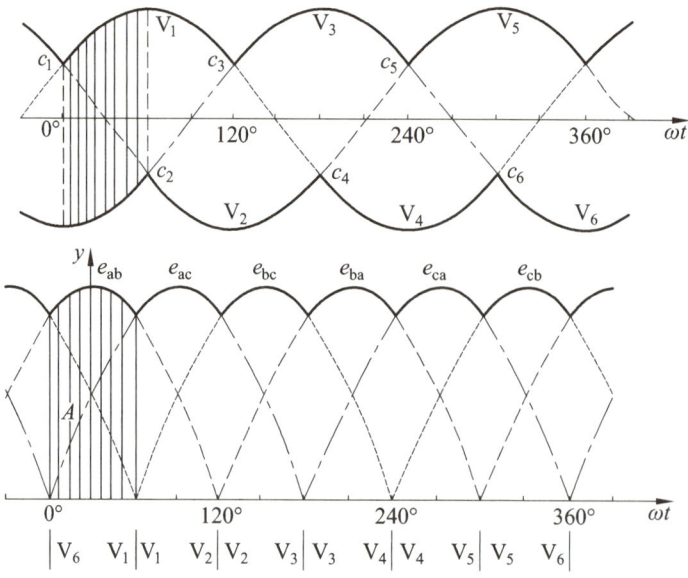

图 2-4 换流阀整流波形图

在 c_1 时刻以后，V_1 和 V_6 处于导通状态，换流器的直流输出电压为线电压 u_{ab}；到 c_2 时刻，由于 B 相电压高于 C 相电位，V_2 进入导通状态，V_6 在反向电压作用下电流到零而关断，直流输出电压为 u_{ac}；到 c_2 时刻，由于 B 相电压高于 A 相电位，V_3 进入导通状态，V_1 在反向电压作用下电流到零而关断，直流输出电压为 u_{bc}。按照这种方法进行分析，换流器在任何时刻总有两个换流阀导通，每个阀在一个工频周期内导通 120°，阻断 240°。由于忽略换流变的电感作用，我们认为换流阀换相过程是瞬时的，在交流电动势的作用下，换流阀周而复始的按序开通和关断，从而在直流负载侧可得到一次为 1/6 周期的线电压相应的 6 个正弦曲线段组成的直流电压波形。根据换流阀的导通和关断情况可以将图 2-3 化简为图 2-5。

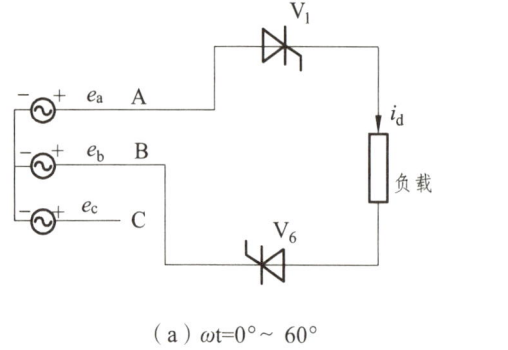

（a）$\omega t = 0° \sim 60°$

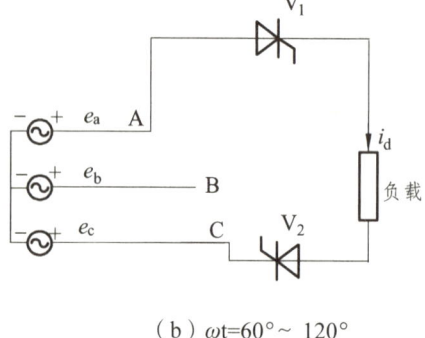

（b）$\omega t = 60° \sim 120°$

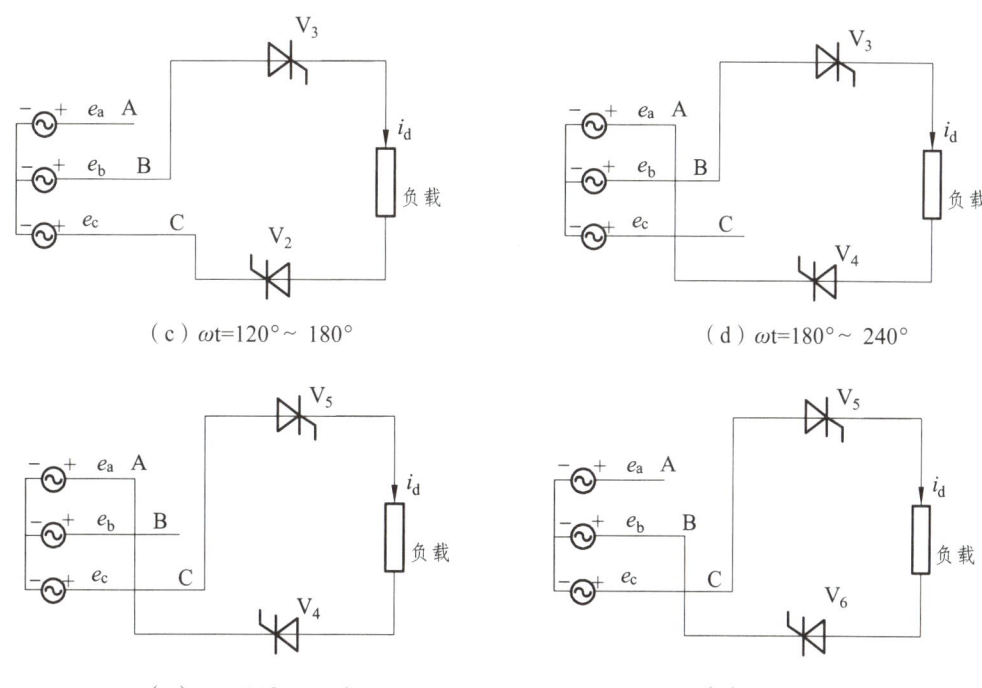

(c) $\omega t = 120° \sim 180°$ (d) $\omega t = 180° \sim 240°$

(e) $\omega t = 120° \sim 180°$ (f) $\omega t = 180° \sim 240°$

图 2-5 无触发延迟且无叠弧时阀的开关顺序

从上面的分析可以得到图 2-5 中阴影部分的面积为

$$A = \int_{-\frac{\pi}{6}}^{\frac{\pi}{6}} \sqrt{2} E_m \cos \omega t \, d\omega t = \sqrt{2} E_m \tag{2-2}$$

将 A 除以 $\pi/3$ 即可得到理想情况下的直流电压平均值 U_{d0}：

$$U_{d0} = A / \frac{\pi}{3} = 1.35 E_m \tag{2-3}$$

当换流阀触发角 $\alpha = \omega t$ 时（即换流阀的触发脉冲 p_i 在晶闸管承受正向电压之后的 ωt 时刻到来），换流阀根据开通和关断条件在触发脉冲 p_i 到来之前，原导通的换流阀仍然继续导通，直到 p_i 到来时对应的 V_i 才能导通。此时，换流器整流波形如图 2-6 所示。

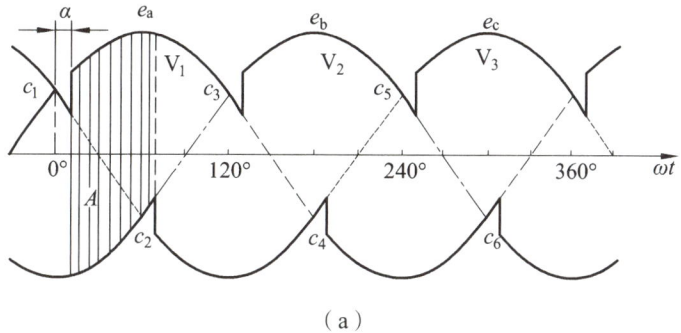

(a)

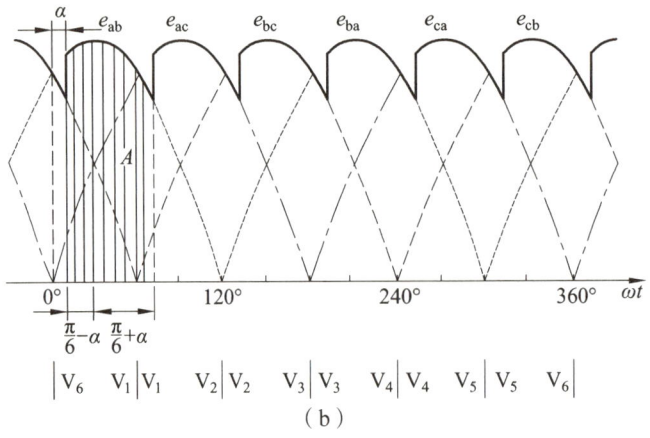

(b)

图 2-6 有触发延迟的换流阀整流波形图

根据上面的分析可以得到此时的直流电压平均值 U'_{d0}：

$$U'_{d0} = A / \frac{\pi}{3} = 1.35 E_m \cos\alpha \tag{2-4}$$

2. 带电抗器情况下的整流电路

当换流器直流侧带负荷时，由于平波电抗器和直流滤波器的存在使得直流电流波形近似平直，其平均值为 I_d。在实际换流过程中，由于换流变压器存在电感且电感的较大，这使得实际的换相过程与上述的理想换相过程不同。当触发脉冲 p_i 到来时，V_i 导通，但由于电感的存在使得 I_d 中的电流不可能立刻上升到 I_d。同样的原因，在将要关断的换流阀的电流也不可能立刻从 I_d 降到零。它们都必须经历一段时间，才能完成电流的转换过程，这段时间所对应的电角度 μ 称为换相角，这个过程称为换相过程。在换相的过程中，共阴极或者共阳极中参与换相的两个换流阀都处于导通状态，从而形成换流变压器阀侧绕组的两相短路。在刚导通的阀中，其电流方向与两相短路的电流方向相同，电流从零开始上升到 I_d；而在将要关断的阀中，其电流则从 I_d 开始下降，直至零关断，从而完成两个换流阀之间的换相过程。6 脉动的换流器在非换相期间同时有 2 个阀导通（阳极、阴极各一个），在换相期间则有 3 个阀导通。同时也可以知道每个换流阀在一个周期内的导通时间不是理想的 120°，而是 120° + μ，用 λ 来表示，成为换流阀的导通角；此时换流阀的关断时间为 240° − μ。带电抗器情况下的换流阀整流波形图如图 2-7 所示。

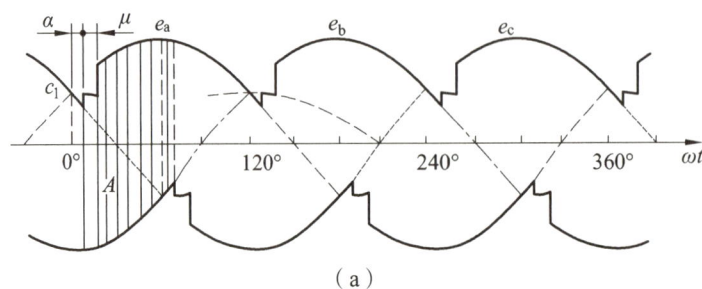

(a)

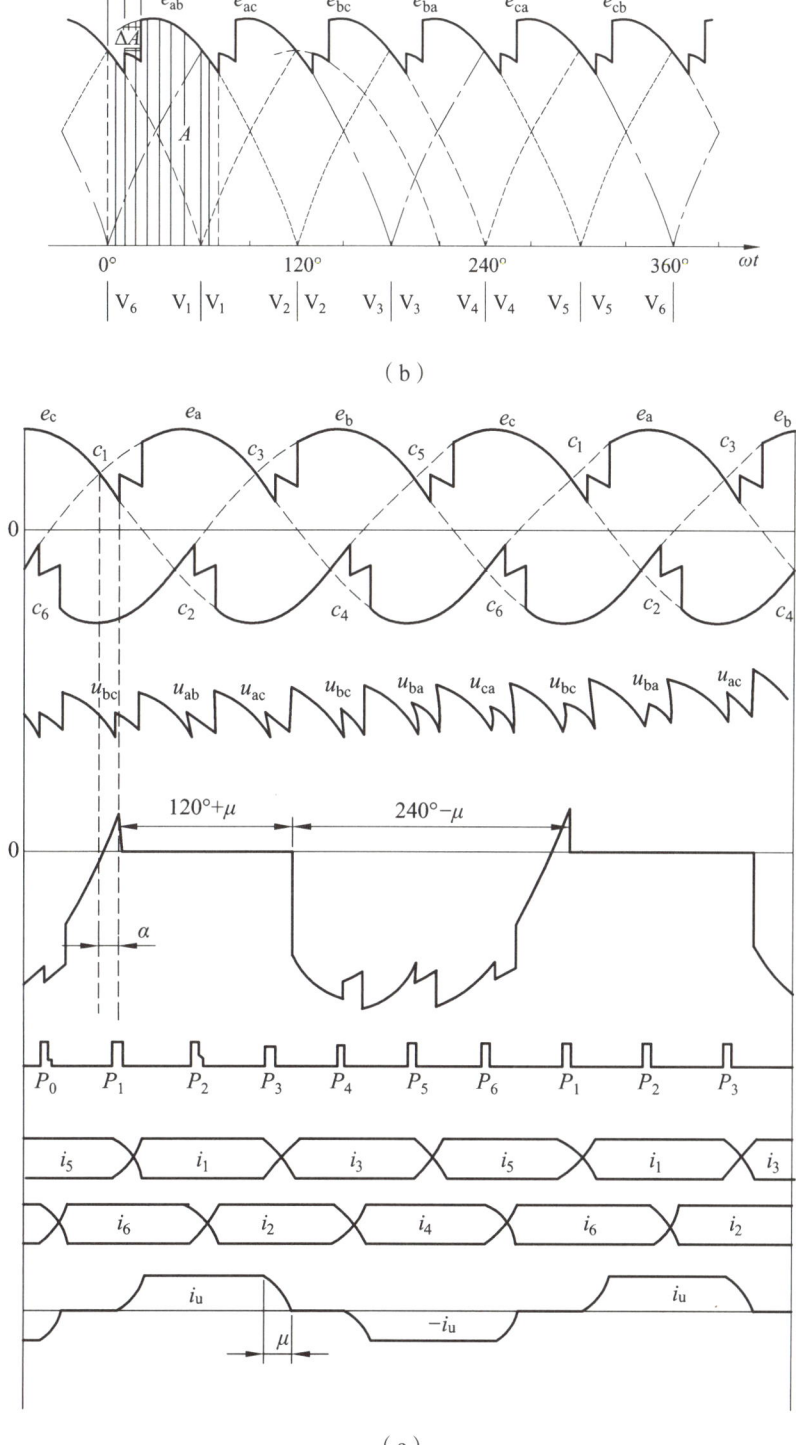

图 2-7 带电抗器情况下的换流阀整流波形图

2.2 换流站典型接线

直流输电系统主要用于跨区电网互联,在电网中的地位相当重要,直流输电系统的运行情况将直接影响到电网的安全稳定。因此,它对电力系统的电气接线方式的要求较高。本节将重点介绍德阳换流站交流场、直流场、交流滤波器场及接地极设备的典型接线方式。

2.2.1 交流场设备接线

德阳换流站500 kV交流场采用3/2断路器接线,双母线合环运行方式。所谓3/2断路器接线,即2条母线之间3个断路器串联形成一串,在一串中从相邻的2个断路器之间引出元件(如变压器、线路、交流滤波器组等),3个断路器供2个元件,中间断路器作为共用,相当于每个元件用3/2个断路器,因此称为3/2断路器接线。这种接线方式实际工程中有完整串和不完整串之分。其中完整串即三个断路器同时供2个元件,不完整串即1串中只有2个母线断路器同时供1个元件。图2-8、2-9分别为500 kV交流场不完整串和完整串接线方式的示意图(其中Qx为断路器,Q1x为隔离开关,Q2x为接地刀闸,Tx为电流互感器)。

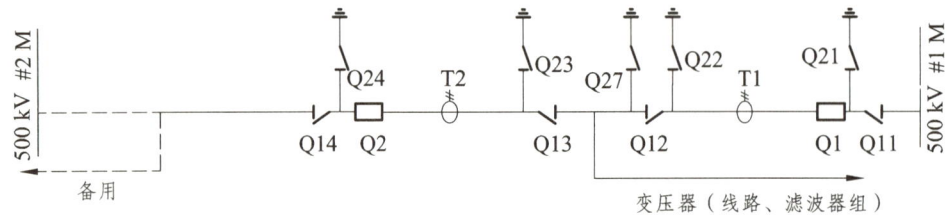

图2-8 500 kV交流不完整串示意图

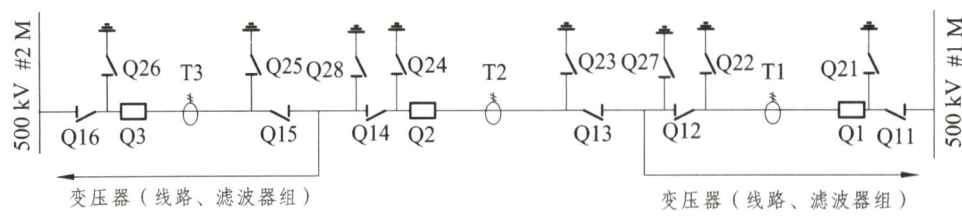

图2-9 500 kV交流完整串示意图

德阳换流站500 kV交流场共有五串,其中第一、二串为不完整串,第三、四、五串为完整串。双极换流变分别运行于第一串和第四串;500 kV直降变运行于第二串,500 kV谭德一、二线分别运行于第五串和第三串。三大组交流滤波器分别运行于第三、四、五串上。德阳换流站500 kV

交流场总接线图如图 2-10 所示。

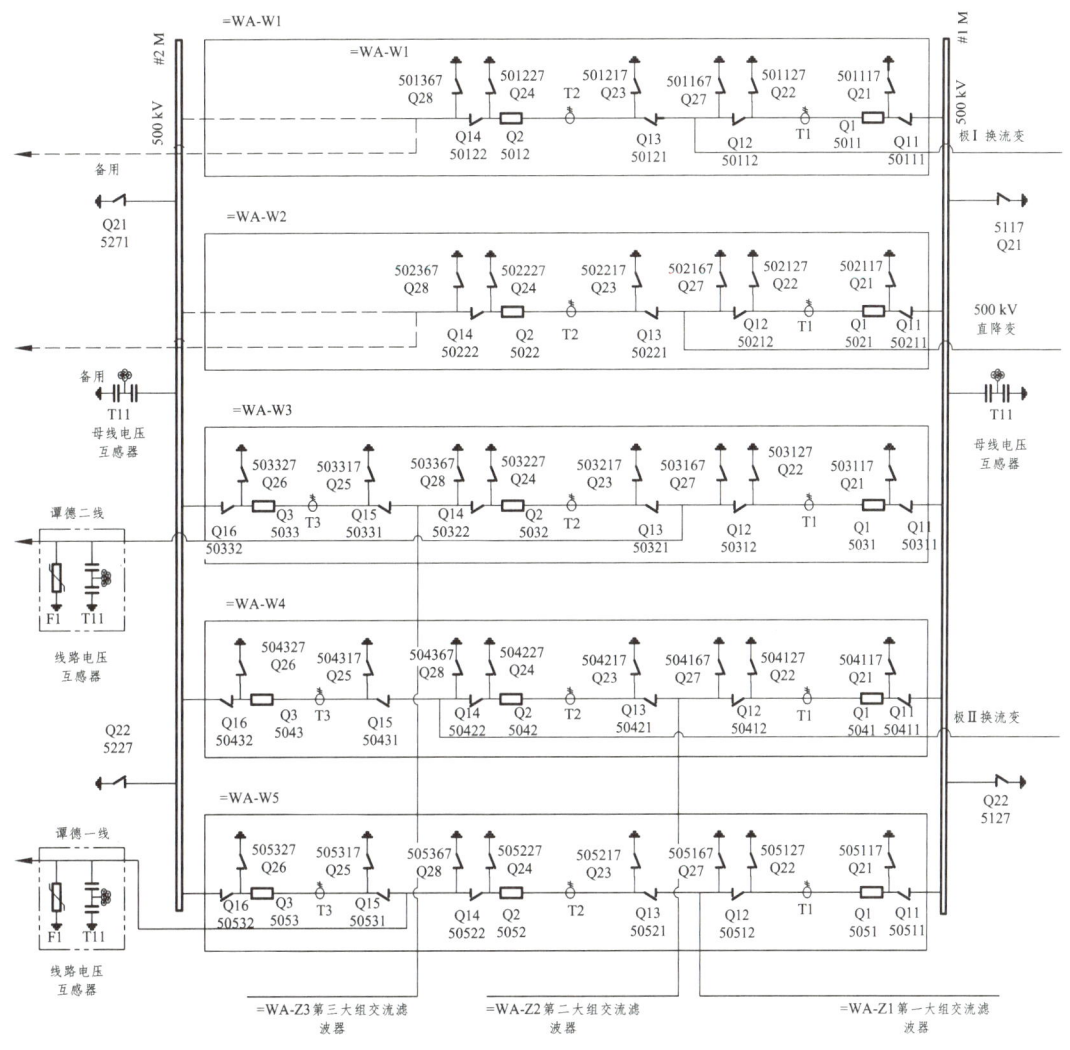

图 2-10　德阳换流站 500 kV 交流场接线方式

2.2.2　直流场设备接线

1. 换流单元接线

换流单元由换流变压器和换流阀组成，有 6 脉动和 12 脉动两种类型。德阳换流站采用的是 12 脉动的换流器接线方式。所谓 12 脉动是由两个 6 脉动换流器在直流侧串联而成，换流变压器的阀侧绕组一个为星形联结，而另一个为三角形联结。图 2-11 所示为 12 脉动换流器示意图。

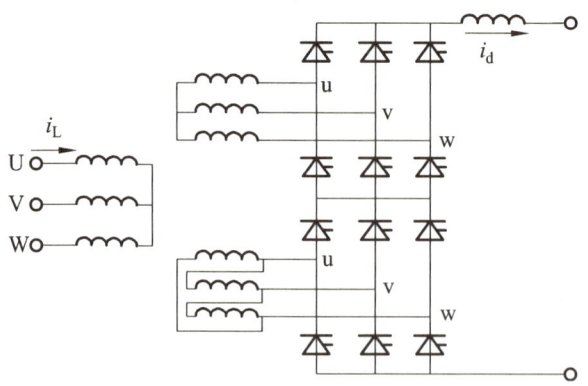

图 2-11　12 脉动换流器

2. 直流场接线

换流站高压直流设备主要由换流单元、平波电抗器、直流分压器、电流互感器、直流滤波器、直流断路器、直流刀闸、中性区域及站内接地极区域等设备组成。德宝直流系统接线示意图如图 2-12 所示。

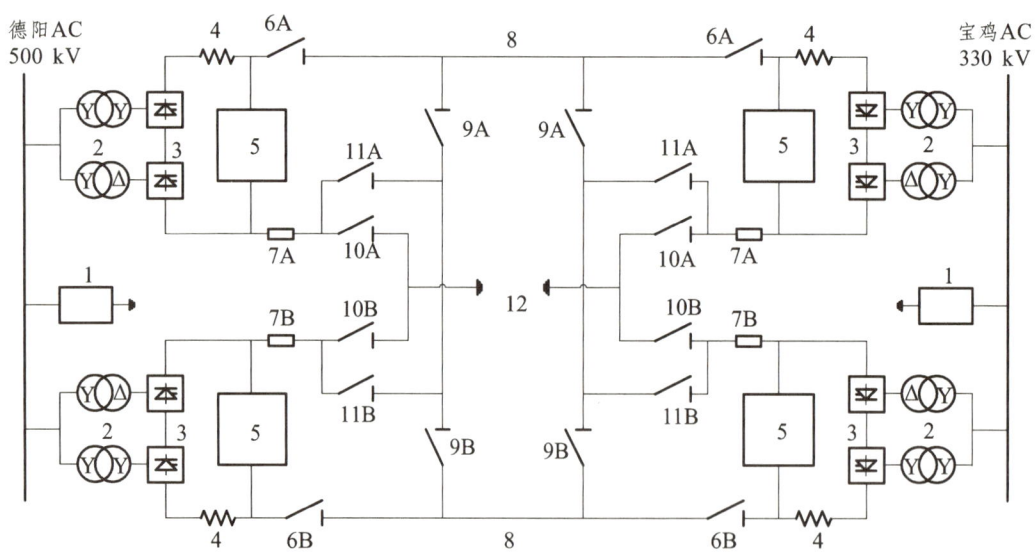

图 2-12　德宝直流输电系统示意图

1— 交流滤波器；2— 换流变压器；3— 换流阀；4— 平波电抗器；5— 直流滤波器组；6— 极母线隔离开关（6A、6B）；7— 直流断路器（7A、7B）；8— 直流线路；9— 旁路隔离开关（9A、9B）；10— 大地回线隔离开关（10A、10B）；11— 金属回线隔离开关（11A、11B）；12— 接地极

2.2.3　交流滤波器接线

德阳换流站的交流滤波器共有三个大组，每大组直接接在换流站交流母线上（或接入 3/2 串中），滤波器每大组由四个滤波器小组接在一条滤波器小母线上而形成。其中 WA-Z1 布置有 HP11/13、HP24/36、SHUNT C、HP3 次滤波器各一组，WA-Z2，WA-Z3 分别布置有 HP11/13、

HP24/36 次滤波器各一组，SHUNT C 次滤波器两组。全站共十二小组交流滤波器，单组容量 155 Mvar，总容量为 1 860 Mvar。各大组接线示意图分别如图 2-13，2-14，2-15 所示。

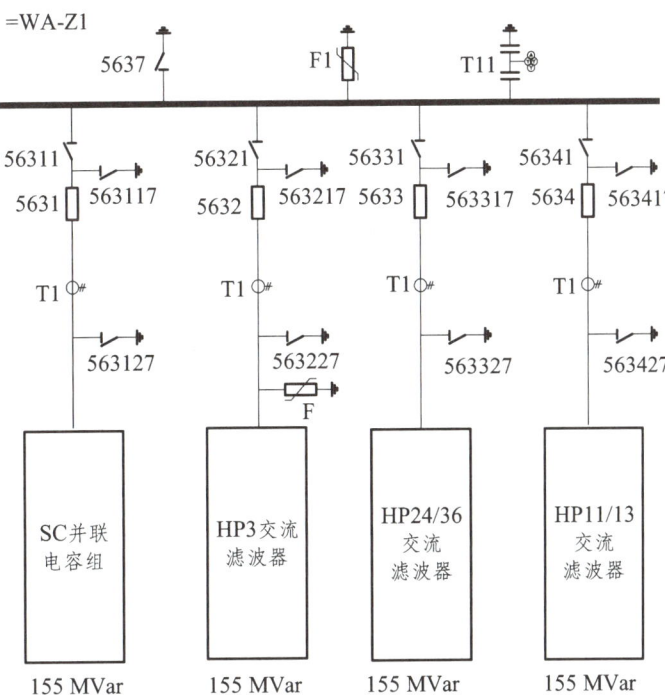

图 2-13　第一大组交流滤波器接线方式

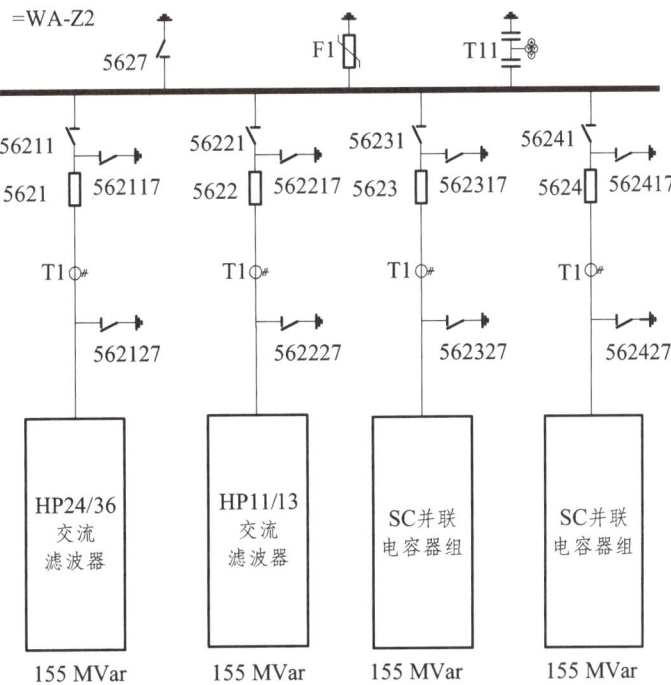

图 2-14　第二大组交流滤波器接线方式

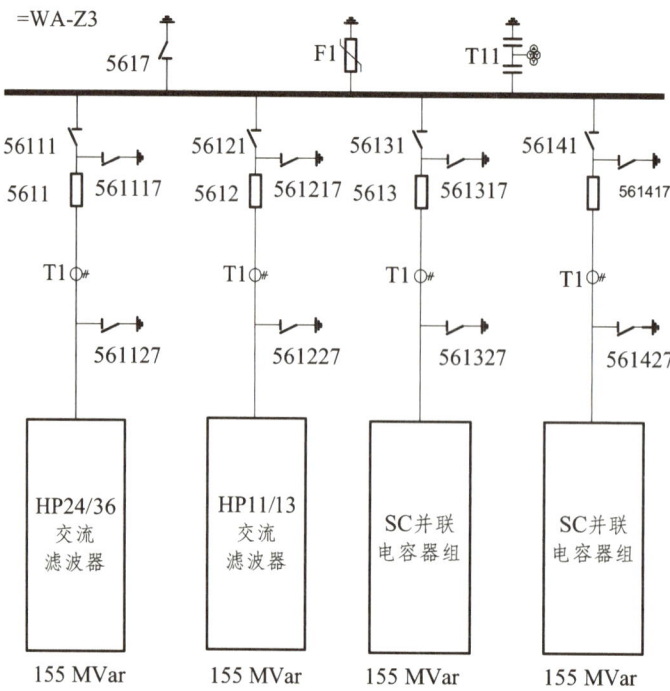

图 2-15　第三大组交流滤波器接线方式

正常运行时三大组滤波器母线均正常充电；非正常运行方式下，第一大组、第二大组、第三大组的任一条母线或两条母线运行，其他检修；交流滤波器正常备用时，其隔离开关在合上位置，断路器在拉开位置。

2.3　接地极

换流站接地极包括接地线路、站外接地极，如图 2-16 所示。

图 2-16　换流站接地极线路图

德阳换流站站外接地极极址位于四川省安县永河，采用架空线路接入，接地极线路全长 25.3 km，共有铁塔 80 基。如图 2-17 所示，接地极采用双环异型浅埋水平布置，外环长 2 319 m，内环长 1 950 m，内外环共计长 4 269 m。馈电棒（包括引流棒）总长 4 658 m，采用 φ70 低碳钢棒，埋设深度 3.5 m；焦炭截面为正方形，外环边长 1.0 m，内环边长 0.8 m，焦炭量 4 176 m³；导流系统采用地下电缆引流方式,从德阳换流站引来的接地极线路经终端塔后通过地下馈电电缆与极环相连。16 根电缆分 4 路,每路 4 根电缆,从极址中心引向位于内极环和外极环的引流井。

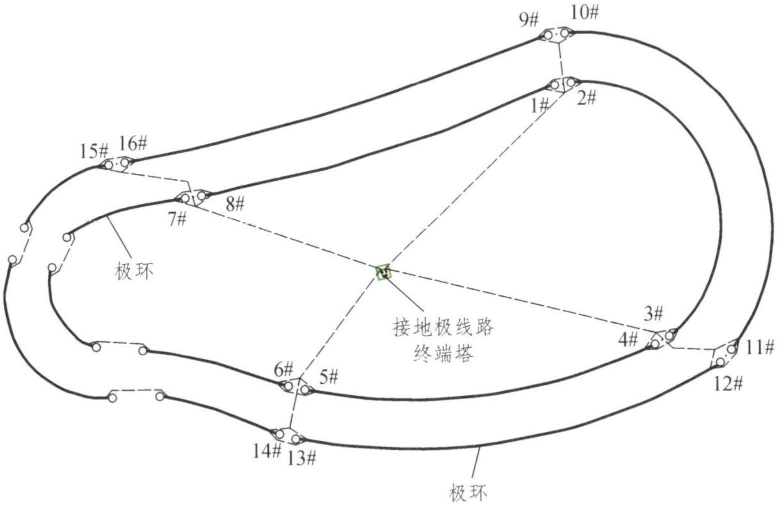

图 2-17 德阳换流站永河接地极极环图

2.4 换流站典型运行方式

2.4.1 交流运行方式

换流站 500 kV 交流场设备采用 3/2 断路器接线方式,正常时为双母线合环运行。除了正常运行方式外,还可能存在以下非正常运行方式:

(1) 500 kV 交流断路器检修:任意一串交流断路器有一台停电,其余运行。此种运行方式造成单台断路器供电,会降低系统可靠性,当运行断路器或母线发生故障跳闸时,便会造成停电。

(2) 500 kV 交流母线检修:500 kV I 母、II 母运行,退出任一母线停电,另一母线运行。该方式下,500 kV 单母线运行,站内线路、换流变、交流滤波器母线均靠一组母线联络运行,运行可靠性低,实际工作中应尽量缩短单母线运行时间。

(3) 500 kV 交流线路检修:谭德一线、谭德二线任一回线停电,另一回线运行。

以上情况是在设备发生故障或者因系统运行方式改变而导致的非正常运行方式。另外德阳换流站内、外水冷系统是否安全稳定的运行会直接影响到高压直流输电系统的可靠性,因此其站用系统较常规 500 kV 交流站要求更高。现德阳换流站共配置三台站用变,其中 500 kV 1 号直降变压器接于本站 500 kV 交流场第二串,110 kV 2# 站用变接于德阳地区的 220 kV 万安站,35 kV 3 号站用变接于德阳地区的 110 kV 南塔站,三台站用变确保了德阳换流站站用系统的可靠性运行。

正常时由 1 号和 2 号站用变供电，3 号站用变备用。（详见第 7 章站用电系统）

2.4.2 直流运行方式

德阳换流站根据直流电压运行方式可以分为额定电压运行和降压运行两种方式，其中额定电压运行是指直流系统运行电压为 ±500 kV；降压运行方式是指直流系统电压为 70% 或 80% 的额定电压运行即 ±350 kV 或 ±400 kV 运行。根据直流控制方式区分时，有功功率控制可分为双极功率控制、单极功率控制、单极电流控制和紧急电流控制，无功控制方式则分为定无功控制和定电压控制。由于直流输电线路一般传输距离较长，很可能穿越冰冻地区，因此有些换流站还有直流融冰运行方式。换流站根据直流回线的接线方式大致可分为以下三类：

① 双极大地回线方式；

② 单极金属回线方式；

③ 单极大地回线方式。

双极大地回线方式（两端中性点接地方式）是大多数直流输电工程所采用的，利用正负两极导线和两端换流站的正负两极相连，两端换流站的中性点均接地的系统构成方式，构成直流侧的闭环回路。双极大地回线方式就是将图 2-12 中的 9A、9B 隔离开关拉开，其余隔离开关都合上，结果如图 2-18 所示。

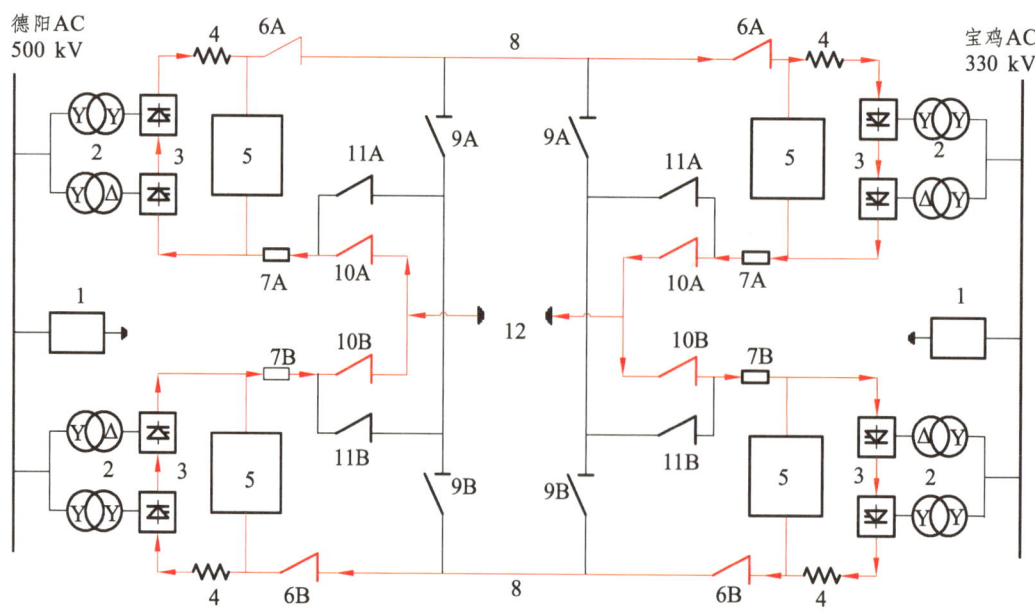

图 2-18 双极大地回线

这种方式双极对地电压各为 +500 kV 和 -500 kV。双极正常运行时，直流电流的路径为正负两根极线，实际上它是两个独立运行的单极大地回线系统构成。两端接地极形成的大地回路，可作为输电系统的备用导线。正负两极在地回路中的电流方向相反，地中电流为两极电流之差值。双极中的任一极故障，另一极与接地极均能构成一个独立运行的单极输电系统。双极的电压和电流均相等时称为双极对称运行方式，不相等时称为电压或电流的不对称运行方式。当双极电流相等时，地中无电流流过，实际上仅为两极的不平衡电流，通常小于额定电流的1%。因此，在双极电流对称运行时，可基本上消除由于地中电流所引起的电腐蚀等问题。当双极电流不对称运行时，两极中的电流不相等，地中电流为两极之差值。为了减小地中电流的影响，在运行中尽量采用双极对称运行方式，如果由于某种原因需要一个极降低电压或电流运行，则可转为双极电压或电流不对称运行方式。德宝直流正常情况下都采用双极大地回线方式运行。

单极金属回线方式是利用两根导线构成直流侧的单极回路，其中一根低绝缘的导线（也称金属返回线）用来代替单极大地回线方式中的地回线。即图2-12中的6B、9A、10A、10B、11B隔离开关及7B开关拉开，使另一极的换流器被隔离，由另一极线路构成的地电位电流返回通路。单极金属回线接线示意图如图2-19所示。

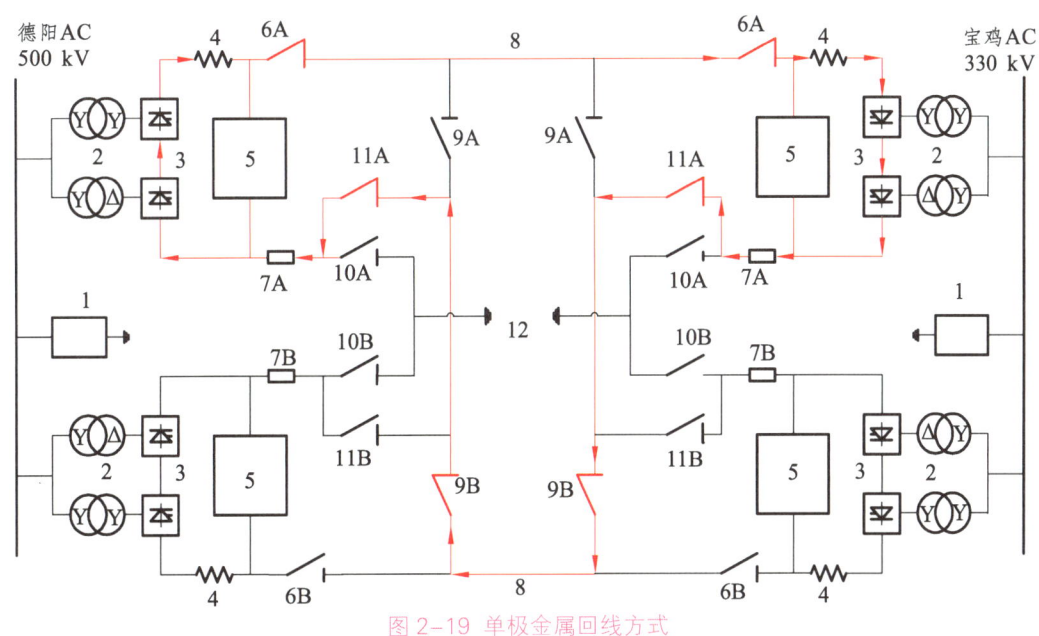

图2-19 单极金属回线方式

在运行时，地中无电流通过，可以避免由此所产生的电化学腐蚀和变压器磁饱和等问题。这种方式的线路投资和运行费用均较单极大地回线方式的要高。通常是在不允许利用大地（或海水）

作为回线或选择接地极较困难以及输电距离又较短的单极直流输电工程中采用。

单极大地回线方式就是原来双极大地回线方式下,当输电线路或换流站的一个极发生故障需要退出工作时,可将图2-12中的9A、9B、6B、10B、11B隔离开关及7B开关拉开,使故障极的换流器被隔离,形成的单极大地回线方式。单极大地回线接线示意图如图2-20所示。

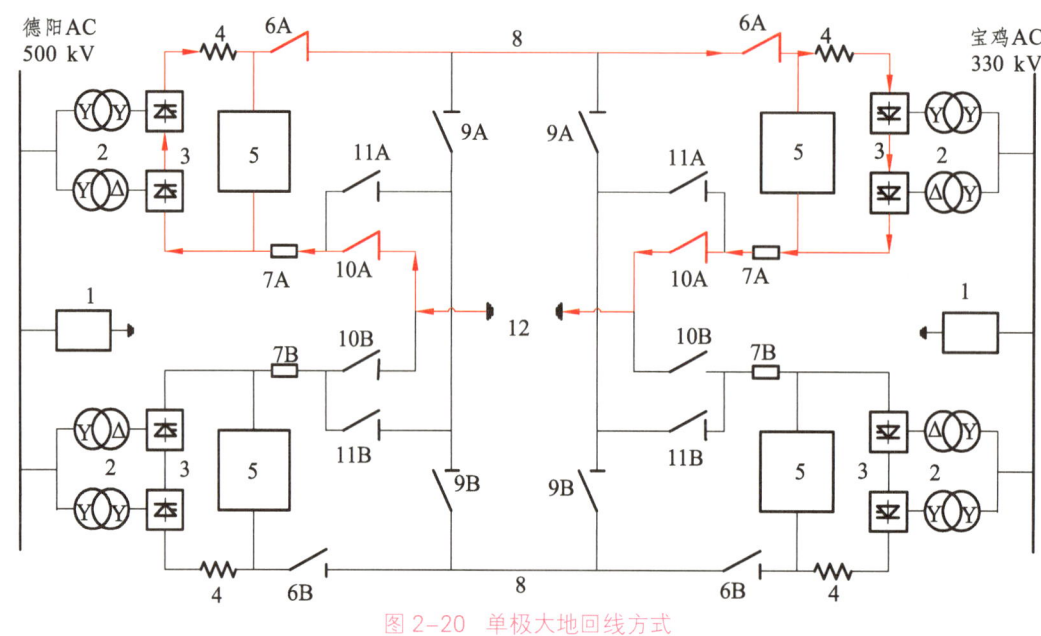

图2-20 单极大地回线方式

单极大地回线方式的接线简单,利用大地这个良导体,省去一根导线,线路造价低,但是运行的可靠性和灵活性都较差。同时对接地极要求较高,要考虑接地极的材料、埋置方法和地下埋置物的腐蚀,以及对通信线的影响等因素。单极大地回线方式一般是在工程进行分期建设,或者运行中的一极故障停运,另一极转为单极运行时采用。

第 3 章　德阳换流站一次主设备

换流站是直流输电系统中最重要的组成部分，根据运行状态可分为整流站和逆变站，两站的主要设备基本相同。换流站一次设备主要包括：换流变压器、换流阀、平波电抗器、直流滤波器、开关设备、交流滤波器及交流无功补偿装置、避雷器等。

3.1　换流变压器

3.1.1　换流变压器的功能

换流变压器（换流变）与换流阀一起实现交流电与直流电之间的相互转换，换流变主要作用有：为换流阀提供合适的换相电压，使换流变压器网侧交流母线电压和换流桥的直流侧电压能分别符合两侧的额定电压及允许电压偏移；将送端交流电力系统的电功率送到整流器或从逆变器接受功率送到受端交流系统；通过两侧绕组的磁耦合实现交流系统和直流部分的电绝缘和隔离；对从交流电网入侵换流器的过电压起抑制作用。

3.1.2　换流变压器的特点

与常规变压器相比，换流变具有漏抗大、同时承受交直流电压应力、有载调压范围广等特点，在短路阻抗、绝缘、谐波、直流偏磁、有载调压和试验方面和普通电力变压器有着不同之处，制造难度大。

3.1.3　换流变压器的结构

换流变的总体结构分为三相三绕组式、三相双绕组式、单相双绕组式和单相三绕组式四种。换流变结构型式示意图如图 3-1 所示，单相双绕组换流变实物图如图 3-2 所示。

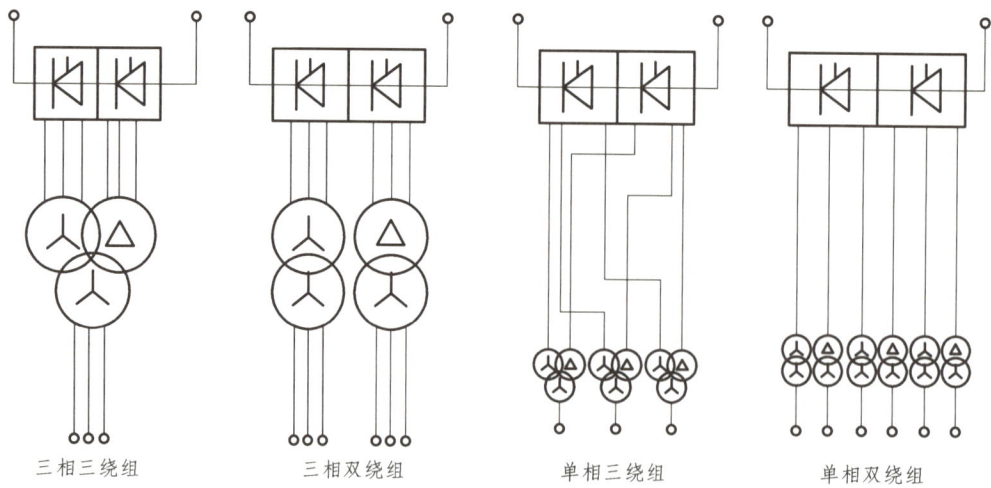

图 3-1　换流变压器结构形式示意图

三相三绕组　　三相双绕组　　单相三绕组　　单相双绕组

图 3-2　单相双绕组换流变压器

采用何种结构形式的换流变,应根据换流变交流侧及直流侧的系统电压要求、变压器的容量、运输条件以及换流站布置要求等因素进行全面考虑来确定。对于中等额定容量和电压的换流变,可选用三相变压器。采用三相变压器的优点是减少材料用量、减少变压器占地空间及损耗,特别是空载损耗。对于12脉动换流器的两个6脉动换流桥,宜采用两台三相变压器,其阀侧输出电压有30°的相角差,网侧绕组均为Y联结,而阀侧绕组,一台为Y联结,另一台为△联结。

对于容量较大的换流变,可采用单相变压器。在运输条件允许时应采用单相三绕组变压器。这种形式的变压器带有1个交流网侧绕组和两个阀侧绕组,阀侧绕组分别为Y联结和△联结。两个阀侧绕组具有相同的额定容量和运行参数(如阻抗和损耗),线电压之比为$\sqrt{3}$,相角差为30°。高压大容量直流输电系统采用单相三绕组换流变,相对于采用单相双绕组来说具有更少的铁芯、油箱、套管以及有载调压开关,因此原则上采用三绕组变压器要更经济、可靠。

德阳换流站共有14台(其中两台备用)强油循环风冷、有载调压式单相双绕组换流变压器,由重庆ABB变压器有限公司生产。每台换流变由本体、网侧套管、阀侧套管、有载调压开关、本体油枕、分接头油枕、套管CT、中性点CT、滤油机、冷却器、气体在线监测装置、呼吸器等组成。

3.1.4 换流变压器的主要附件

1. SF_6-油绝缘套管

德阳换流站换流变套管有三种,分别是阀侧、网侧高压侧和网侧中性点套管。其中换流变阀侧套管用的是SF_6-油绝缘套管,SF_6-油绝缘套管设计原理如图3-3所示。

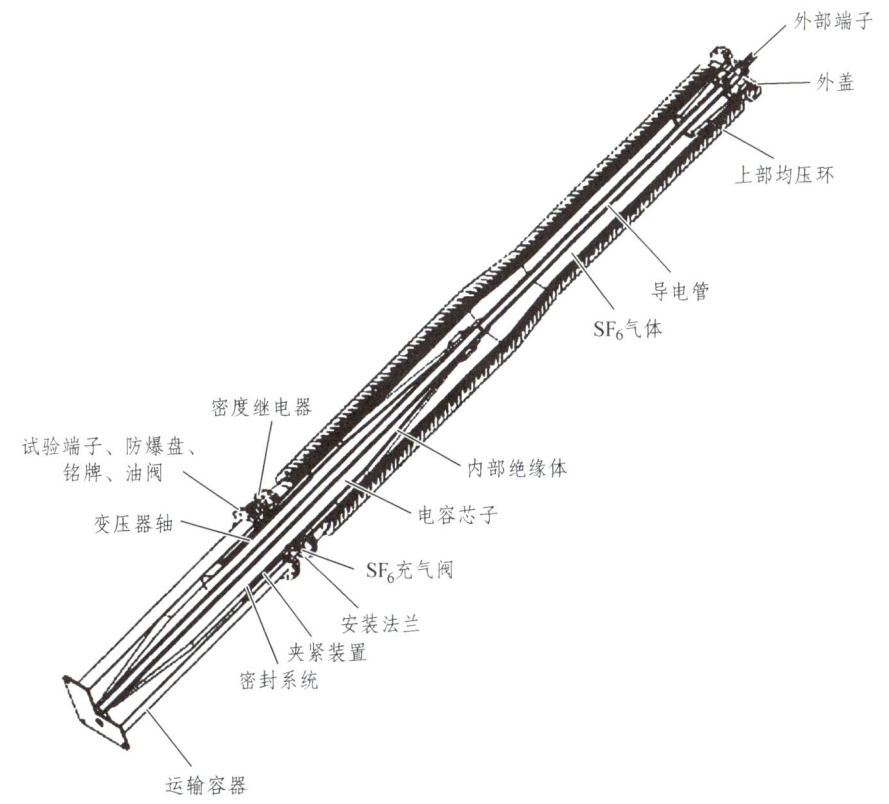

图3-3 SF_6-油绝缘套管设计

SF_6-油套管分为内、外两部分。套管内部下半部分充油,与变压器本体油连通。外部主要包括玻璃纤维带环氧树脂管、硅外裙组成的绝缘体,并充上一定压力的SF_6气体。变压器油箱应高于套管顶部。装于户内的套管是通过套管升高座穿入阀厅,所以需要有一个密封系统防止油由变压器流入阀厅。密封系统安装于中间法兰和电容铁芯之间的外壳处,在密封垫片处安装压力阀,能够使油从变压器流向套管,并且当绝缘体受损时,仍然保持密封。温度快速变化时,能以下列方法打开阀门。

(1)当套管的空气侧温度升到一个预定值后,阀2打开并且油从套管中流向变压器,油流方向如图3-4中箭头所指。

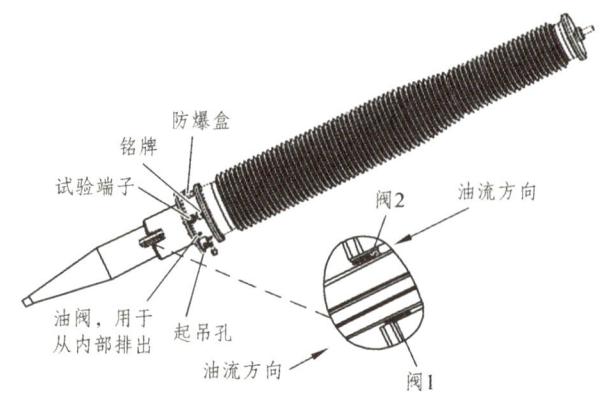

图 3-4　SF_6- 油绝缘套管密封系统

(2)当套管的空气侧温度下降到一个预定值后,阀1打开并且油从变压器流向套管。

(3)当空气侧圆锥形绝缘体和外层绝缘体都受到损坏时,阀都被关闭,油不能从变压器流向阀厅。

2. 有载调压开关

有载调压开关由选择开关、切换开关、极性开关、电位开关、过渡电阻、电动操作机构及相关保护元件等组成。有载调压开关安装在变压器油箱内,电动操作机构在换流变油箱壁上,通过驱动轴和斜齿轮与有载调压开关相连。切换开关有一个与换流变本体油隔开的独立油室,防止切换开关因操作而导致油老化,对换流变本体油造成污染,如图3-5所示。

图3-6给出了UC型有载调压开关的一般排列,主要部件是由弹簧驱动的切换开关和带有滑动触头的分接选择器。UC型有载分接开关由两个独立部分组成,即有单独油室的切换开关和可带转换选择的分接选择器。分接选择器位于切换开关油室下面,而整个有载分接开关则悬挂安装在变压器油箱盖上。

图 3-5　电机操作机构与调压开关连接图

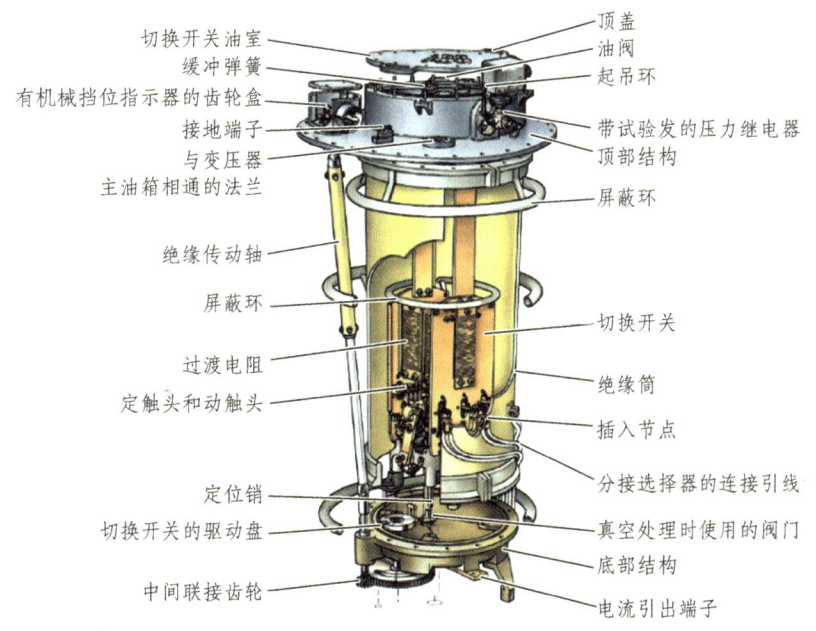

图 3-6 UC 有载调压开关结构图

切换开关是由弹簧储能方式来实现快速动作的，并带有过渡电阻。切换开关的触头系统是由动触头和定触头组成。动触头系统由一个能自锁的多连杆机构控制，并由一套螺旋弹簧驱动其快速动作。定触头系统安装在切换开关两侧的绝缘板上。切换开关采用插入式接点触头来连接切换开关和分接选择器以及引出汇流点，这种方式使切换开关芯在装入油室内时非常简单。切换开关的驱动采用驱动销进入驱动盘槽口的方式，也非常容易安装。切换开关芯为开放式结构，无需任何拆解，所有部件都能直接触摸到，非常便于检查、维护及更换触头。载流触头由铜或铜银合金制成，弧触头由铜钨合金制成。切换开关的动触头臂同时也是多连杆快速机构的一部分，这样的结构可以减少零件数量，从而提高切换开关的可靠性。切换开关的设计和结构使其具有极高的可靠性和寿命，同时所需的维护工作非常少并易于检查。切换开关油室及顶部、底部结构：顶部为带油室空间的法兰结构，利用法兰将分接开关安装到变压器的箱盖上，并且传动齿轮盒也固定在法兰上；顶部结构上有若干连接法兰，可用于储油柜、排油、滤油、压力继电器等的连接，并有一个接地端子；底部结构上有切换开关芯的定位孔、轴承、安装分接选择器的支架和切换开关的电流引出端子。

电动机构的驱动力通过安装在顶部结构上的齿轮盒，经由绝缘筒外侧的垂直传动轴，传递到切换开关和分接选择器的中间联接齿轮上。从中间联接齿轮，经由一个穿过切换开关油室底部的传动轴传递驱动力给切换开关，传动轴由一轴密封套密封。经由中间联接齿轮上的槽口，驱动力也同时驱动分接选择器上的槽轮（即马氏间歇齿轮），槽轮再交替动作分接选择器的两个垂直中心联动轴。UC 型采用的这种传动方式，在分接开关维护时无需拆开传动轴，只要打开油室的顶盖，就可以吊出切换开关，大大简化了程序和缩短维护时间。

过渡电阻由电阻丝缠绕在绝缘基板上制成，并装设于切换开关触头之上。电阻坚固可靠，并能承受无限次的操作。

UC型有载分接开关系列中的分接选择器虽然具有各种不同尺寸，但其功能相同，只是额定值不同。围绕分接选择器的中心轴周围布置若干个定触头，动触头安装在中心轴上并由中心轴动作。动触头经由集流环通过纸绝缘的铜引线与切换开关连接。动触头采用夹片式设计。根据负载电流不同，动触头系统有一个、两个或多个触头臂并联，每个触头臂又有两个或四个触头夹片。这些触头夹片的一端与定触头连接，另一端与集流环连接。动触头夹片在定触头与集流环上滑动，同时起擦拭作用，能自清洁触头。这种方式可提高导电率，减少触头磨损。

转换选择器用于改变正/反调的调压绕组的绕向，或粗/细调的调压绕组的接入位置。转换选择器与分接选择器并列安装，每个转换单元由一个动触头与两个定触头组成。动触头安装在一个绝缘驱动轴上并由槽轮机构上的驱动装置控制，定触头布置在绝缘轴中心的外侧周围。动、定触头的结构与分接选择器相同。

有载分接开关的操动是由电动机构驱动的。电动机通过一系列齿轮和输出轴来操动分接开关。其中，控制装置：控制选择、升降控制、手柄手动操作；保护装置：电机保护开关（短路及过流保护）、电气限位、机械限位、控制回路中的手柄联锁、控制回路中的相序错联锁触点、升降接触器的电气联锁、滑挡保护、急停（后两个在较早的产品中不是标准配置）等；指示装置：机械挡位指示器、操作计数器等。操作机构箱实物图如图3-7所示。

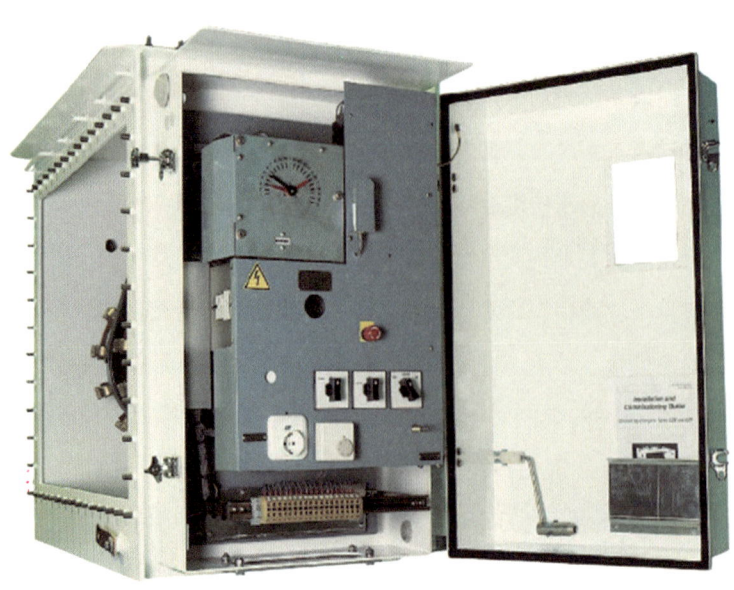

图3-7　操作机构箱

为保证有载分接开关的运行和变压器的安全，有载分接开关必须配备保护装置，当分接开关出现故障时，保护装置发出跳闸信号给变压器主断路器。相关保护装置：（过）压力继电器和油流（控制）继电器，分接开关只需使用其中一种；另外为更好地保护分接开关油室，还可增加压力释放阀。有一点需要注意，有载分接开关在正常操作时，会产生电弧，使变压器油分解生成气体，所以不使用瓦斯继电器当做保护装置，否则其轻瓦斯信号可能会频繁动作；如需要根据产气率及气体成分来监测分析分接开关的使用情况时，应配备一个取气盒。

3. 冷却器

冷却器为强迫油循环风冷式、分为强油循环导向风冷却和强油循环非导向风冷却。冷却器利用空气流通来冷却变压器油。冷却器由冷却风扇、潜油泵、散热片、油流指示器等组成。潜油泵提供强迫油循环的动力，油流指示器则用来指示潜油泵是否启动。油流指示器根据压差原理工作，用来监视强迫油循环冷却系统的油泵运行情况，如油泵转向是否正确，阀门是否开启，管路是否堵塞等情况。

1）强迫油循环冷却方式

强迫油循环冷却方式就是在油路中加入了使油的流速加快的动力油泵。强迫油循环风冷的变压器则是将风冷却器装于变压器油箱壁上或独立的支架上，油采用风扇冷却。为了防止油泵的漏油和漏气，目前广泛采用潜油泵和潜油电动机。

2）强迫油循环导向冷却

导向冷却方式属于强迫油循环类型，其主要区别在于器身部分的油路不同。普通的油冷却变压器油箱内油路较乱，油沿着线圈和铁芯、线圈和线圈间的纵向油道逐渐上升，而线圈段间油的流速不大，局部地方可能没有冷却到，线圈的某些线段和线匝局部温度很高。导向冷却的变压器，在结构上采用了一定的措施（如加挡油纸板、纸筒）后使油按一定的路径流动，在一定压力下被送入线圈间的油道和铁芯的油道中，冷却线圈的各个部分，提高冷却效能。

强油循环导向冷却的变压器，当绝缘材料表面的油流速度过高时，有可能造成"油流带电"现象，危及变压器的安全运行。在结构上常采取"分流"措施，即将来自冷却器油流的一部分直接导入油箱而不进入器身内部，这部分油虽然不对绕组的线圈进行直接冷却，但由于它是冷油进入变压器油箱下部，在油箱内部变热后从上部出油口流出，因而同样带走变压器损耗所产生的热量，使变压器的油面温度降低。

4. 油枕

油枕的作用为：当换流变油的体积随着油温变化而膨胀或缩小时，油枕起储油和补油的作用，能保证油箱内充满油，同时使换流变与空气的接触面更小，减缓了油的劣化速度。油枕的侧面还装有油位计，可以监视油位的变化。换流变油枕中的气囊起把油与空气隔离及调节内部油压的作用，油枕内气囊一般有胶囊式和隔膜式两种。

5. 在线滤油机

换流变装有在线滤油机，对换流变有载调压开关油箱进行在线不间断滤油。在线滤油机由过滤器底座、过滤器外壳、取样阀、泵、电机和连接法兰等组成。排油阀安装在过滤器底座上，用于更换滤芯时排掉外壳内的油。

6. 气体继电器

换流变装有多个气体继电器，安装位置包括：本体油枕和本体油箱之间的连接管道、网侧高压套管、阀侧套管、分接头的选择开关。

轻瓦斯的原理：换流变在发生电弧、短路和过热时产生大量气体，气体聚集在气体继电器上部，使油面降低。当油面降低到一定程度时，上浮球下沉，使控制接点接通，发出报警信号。轻瓦斯动作原理如图 3-8 所示。

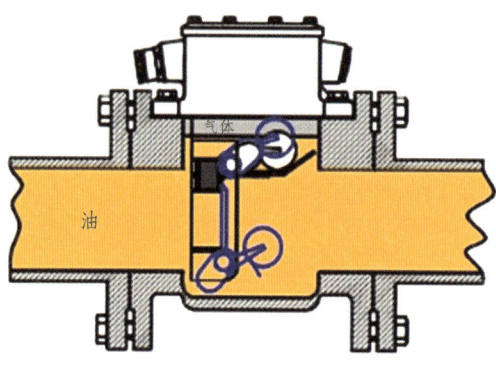

图 3-8 轻瓦斯动作原理图

重瓦斯的原理：换流变压器外部发生严重故障时，油流大量流失（图 3-9）或换流变内部发生严重故障时，换流变油的体积会急剧增大，油流冲击挡板（图 3-10），挡板偏转并带动连动杆转动上升，使控制接点接通，发出跳闸信号。

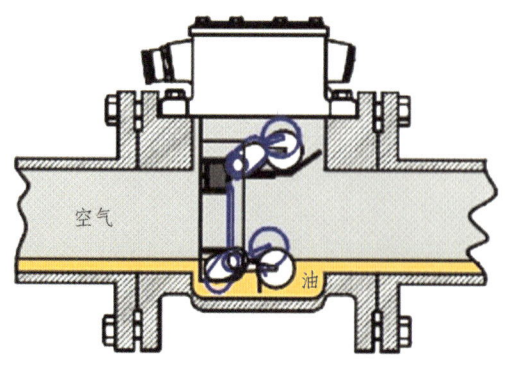

图 3-9 绝缘油大量流失

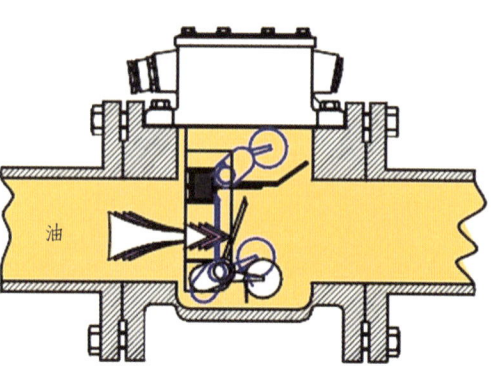

图 3-10 挡板受到绝缘油的波流冲击

瓦斯保护是变压器的主保护，不能由差动保护代替。因为瓦斯保护能反应变压器油箱内的任何故障，如铁芯过热烧伤、油面降低等，但差动保护对此无反应。又如变压器绕组发生少数线匝间短路，虽然短路匝内短路电流很大会造成局部绕组过热，产生强烈的油流向油枕方向冲击，但表现在相电流上其量值却并不大，因此差动保护没有反应，但瓦斯保护对此却能灵敏地作出反应。

7. 压力释放阀

压力释放阀分别装在有载调压开关油箱和本体油箱上。压力释放阀是一种保护装置，当换流变油箱或有载调压开关油箱内严重故障时，换流变油的体积会急剧增大，并产生大量气体，压缩压力释放阀的弹簧，若其压力大于压力释放阀的开启压力，压力释放阀就会打开，气体和油则会从压力释放阀喷出，待油箱内的压力低于压力释放阀的开启压力后，压力释放阀会关闭。

8. 压力继电器

压力继电器装在有载调压开关油箱上。当油箱内的气体发生过压时，作用在活塞上的压力大于活塞上弹簧的压力，活塞向上移动，触发开关元件，发出告警信号。

9. 油流继电器

油流继电器也叫涌流继电器，装在有载调压开关与调压开关油枕之间的管道上，当调压开关油箱内部发生故障，油箱中的油体积急剧增大时，油箱中的油将通过油流继电器流向油枕，从而接通跳闸接点，发出跳闸指令。

3.2 换流阀

详见第五章介绍。

3.3 平波电抗器

平波电抗器（平抗）是换流站直流系统中一个重要的组成部件，它能够防止由直流线路或换流站所产生的陡波冲击波进入阀厅，从而使换流阀免于因过电压应力而损坏，还能够平滑直流电流中的纹波，能避免在低直流功率传输时电流的断续，同时平抗通过限制由快速电压变化所引起的快速电流变化来降低换相失败率。

3.3.1 平抗结构

平抗由本体、套管、气体继电器、油箱及冷却装置、油枕、在线监测装置等组成。德阳换流站使用的平抗的内部线圈采用两芯柱形式并联结构,每一芯柱流过的电流为总电流的一半,平抗的外观如图 3-11 所示。

图 3-11 平波电抗器

1. 本体

平抗的本体主要由铁芯、绕组、绝缘材料、引线等构成。

2. 套管

平抗套管将内部高、低压引线引到油箱外部,不但作为引线对地绝缘,而且担负着固定引线的作用。套管是平抗载流元件之一,在运行中,长期通过负载直流电流,当发生短路故障时可以承受短路电流,因此,平抗套管需满足以下技术要求。

(1)必须具有规定的电气强度和足够的机械强度。

(2)必须具有良好的热稳定性,并能承受短路时的瞬间过热。

(3)密封性能好、通用性强,便于维修。

平抗使用的套管型号较多,通常可分为充油式套管、干式套管和油气式套管。下面主要介绍德阳换流站使用的两种套管类型,即 GGF 型套管和 GOF 型套管。其中 GGF 型套管为油气式套管,套管与本体油之间通过阀门连接,作为阀侧套管;GOF 型套管与本体油之间直接连通,作为平抗出线套管。德阳换流站的 GGF 型套管结构如图 3-12 所示。

图 3-12 GGF 型套管

GGF 型套管由内室和外室两部分构成，内室内部充满油，它与普通的油绝缘套管类似，其底部插入平抗本体，与本体共用绝缘油。外室内部充一定压力的 SF_6 气体，外部绝缘体由玻璃纤维带环氧树脂管、硅外裙构成。套管中间的导电杆为电流载体，套管法兰处配有抽头，连接到冷凝器心的外层，用于试验抽头。

安装于户内的套管是由平抗本体穿入阀厅的，所以需要一个密封系统，防止油由平抗流入阀厅，即使当绝缘体受损时，仍可保持密封。当套管内部温度变化时，内室的绝缘油会产生如下流动：

（1）温度升高到设定值，阀门 2 将会打开，此时油从套管流向平抗本体，油流的方向如上图所示。

（2）温度降低到设定值，阀门 1 将会打开，此时油从平抗本体流向套管，油流的方向如上图所示。

（3）若套管由于故障导致破裂，阀门将始终保持关闭，确保平抗本体油不会流入阀厅。内室油容量约为 108 L，结构如图 3-13 所示。

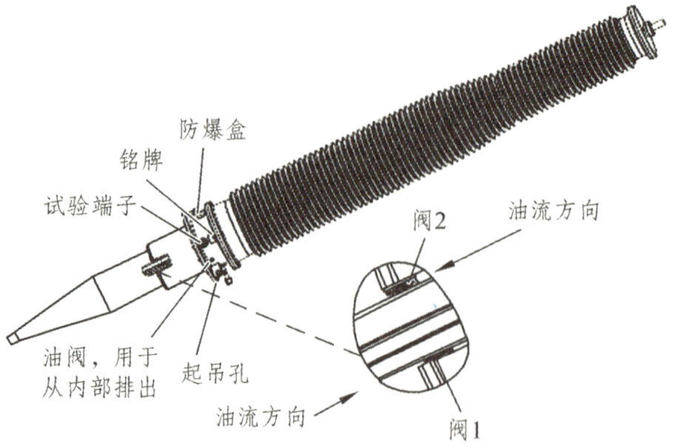

图 3-13 阀侧套管的密封系统

3. 瓦斯继电器

瓦斯继电器包括轻瓦斯保护动作于报警，重瓦斯保护动作于跳闸。当本体内部发生电弧、短路和过热时产生大量气体，气体聚集在气体继电器上部，使油面降低。上浮球下沉，使控制接点接通，发轻瓦斯报警信号。当本体内部严重故障时，油流冲击挡板，压下下浮球，使跳闸接点接通，发出重瓦斯跳闸信号。

4. 压力释放阀

当本体内部发生严重故障时，产生大量气体，油温急剧升高，体积变大，压力释放阀动作。根据相关文件，目前压力释放阀均动作于报警，以防止装置误动，导致设备非计划停运。

5. 油温传感器

平抗有 2 个油温传感器，分别位于本体顶盖和底部。热电阻 Pt100 通过感应温度变化达到阻值的变化，再通过确认阻值的不同计算出当前的温度，并根据热电阻的量程变化输出对应的电流值。平抗的绕组测量温度是依据油温和绕组电流计算得出的温度。

6. 冷却器

冷却器由风扇、风机、潜油泵、散热片、油流指示器等组成。冷却器风扇被分隔开来安装，这样的安装便于逐个有选择的开启和关闭风扇。潜油泵提供强迫油循环的动力，油流指示器则用来指示潜油泵是否启动。油流指示器根据压差原理工作，对流过冷却器的压差带动指示器信号指示位置。油流指示器分为接线盒和表头两个部分，表头中 PUMP ON 与 PUMP OFF 用于指示油流的循环情况。油流指示器表头带动辅助节点进行报警。

3.4 直流滤波器

直流滤波器安装于换流站直流场中,并连接于直流极母线和中性线之间,主要作用是抑制换流器产生的谐波电流注入直流线路。

直流滤波器的电路结构与交流滤波器类似,也有多种电路结构形式,常见的有单调谐、双调谐和三调谐三种滤波器。直流滤波器为无源滤波器,是仅由无源元件(R、L和C)组成的滤波器,它利用电容和电感元件的电抗随频率的变化而变化的原理构成。德阳换流站直流滤波器实物图和电气原理图如图3-14和3-15所示。

图3-14 直流滤波器实物图

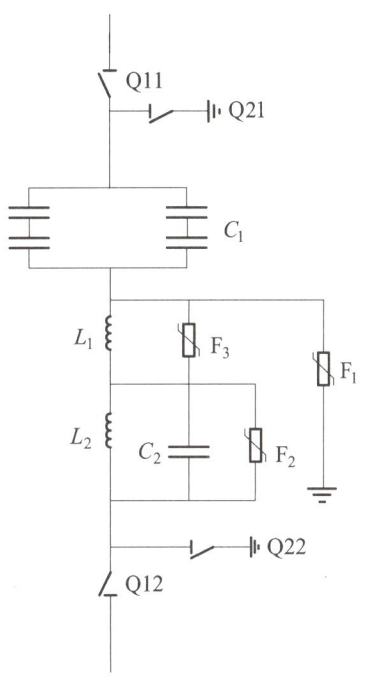
图3-15 12/24次直流滤波器电气原理图

德阳换流站直流滤波器组共有四组,每极分别配置一组12/24次和12/36次直流滤波器。

3.5 断路器

断路器在电力系统中起着两方面的作用:一是控制作用,即根据电力系统运行需要,改变运行方式,开合和关闭正常运行的电路,将电力设备(线路)投入或退出运行;二是保护作用,即在电力设备(线路)发生故障时,通过继电保护装置作用于断路器,快速将故障电流断开,将故障部分从电力系统中迅速切除,保证电力系统无故障部分的正常运行,以减轻电力设备的损坏和提高电网的稳定性。换流站内的断路器根据其开断原理和安装的位置可以分为交流断路器和直流断路器两种,其中交流断路器主要用于交流场和交流滤波器场中设备的接通和断开。直流断路器主要是用于换流站直流场设备或者线路的开断。

3.5.1 交流断路器

1. 交流断路器灭弧原理

此部分仅介绍德阳换流站SF_6断路器,该类断路器用SF_6气体作为灭弧介质,具有良好的热化学性与强负电性。

(1)热化学性,即SF_6气体有良好的热传导特性。

(2)强负电性,即SF_6气体生成负离子的倾向性强。

在SF_6断路器中SF_6气体的水分会带来两个方面的危害:

(1)SF_6气体中的水分对SF_6气体本身的绝缘强度影响不大,但在固体绝缘件(盘式绝缘子、绝缘拉杆等)表面凝露时会大大降低沿面闪络电压。

(2)SF_6气体中的水分还参与在电弧作用下SF_6气体的分解反应,生成腐蚀强的氟化氢等分解物,会降低绝缘件的绝缘电阻和破坏金属件表面镀层,使产品受到严重损伤。

SF_6断路器灭弧室的结构基本上有单压式(压气式)和双压式两种。

(1)单压式灭弧室又称压气式灭弧室,只有一个气压系统。灭弧室的可动部分带有压气装置,靠分闸过程中活塞汽缸的相对运动,造成短时气流来熄灭电弧。

(2)双压式灭弧室有高压和低压两个气压系统。灭弧时,高压室控制阀打开,高压SF_6气体经过喷嘴吹向低压系统,再吹向电弧使其熄灭。

2. 交流断路器结构

断路器主要由通断元件、支撑绝缘件、传动元件、基座及操动机构五个基本部分组成。断路器的核心部分是通断元件,操动机构接到操作指令后,经中间传动机构传送到通断元件执行命令,使主电路接通或断开。通断元件包括触头、导电部分、灭弧介质和灭弧室等,安放在绝缘支撑件上,使带电部分与地绝缘,绝缘支撑件安装在基座上。其外观实物图如图3-16所示。

操动机构是完成断路器分、合闸操作的动力能源,是断路器的重要组成部分,目前以弹簧机构、液压机构

图3-16 SF_6断路器

以及气动机构应用较为普遍。

1）液压操作机构

液压操作机构是利用液压油作为动力传递的介质，利用储压器中预储的能量间接驱动操动活塞。液压机构用油的要求如下：

（1）黏度小，黏度—温度特性平缓。

（2）杂质少，包括气体杂质、机械杂质、酸碱含量等，以免工作中磨损或腐蚀机件。

（3）化学性能稳定，长期使用不变质。

2）弹簧操作机构

弹簧操作机构是利用弹簧预先贮存的能量作为合闸动力，进行断路器的分、合闸操作，只需要小容量的低压交流电源或直流电源。弹簧操作机构通常由储能机构、电磁系统、机械系统组成。

（1）储能机构。通常由储能电动机、变速齿轮离合器、蜗杆、蜗轮、连杆、拐臂、合闸弹簧等组成。

（2）电磁系统。主要由合闸线圈、分闸线圈、辅助开关、联锁开关和端子板等组成。

（3）机械系统。它包括合、分闸机构，按钮，位置指示器和输出轴等。

3）气动操作机构

空气操动机构以压缩空气为动力，使断路器实现气动分闸。

德阳换流站 500 kV 交流断路器采用河南平高电气股份有限公司生产的型号为 LW10B-550 W/CYT（11 组，其中 4 组带合闸电阻）、LW10B-550W/YT（12 组）和北京 ABB 高压开关设备有限公司生产的型号 HPL550B2 W/C（2 组）；110 kV 交流断路器采用山东泰开高压开关有限公司产品，型号为 LW30-126（1 组）；35 kV 交流断路器采用山东泰开高压开关有限公司产品，型号为 LW8-35AG（1 组），110 kV、35 kV 交流断路器均为三相一体式断路器。

3.5.2　直流断路器

直流断路器由转换开关、转换电路和吸能器三部分组成。在直流断路器分闸时，电流先从转换开关转到转换电路，然后转入吸能器，以耗散直流系统里的残余能量，最后才使回路断开。直流断路器原理图如图 3-17 所示。

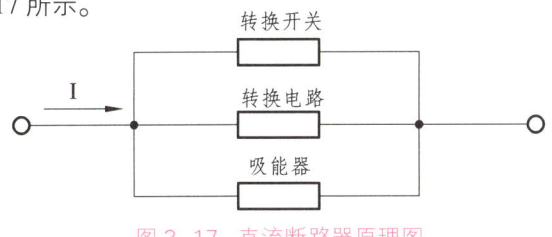

图 3-17　直流断路器原理图

直流断路器根据其功能和安装位置可分为 NBS、GRTS、MRTB 和 NBGS 四种直流断路器，下面将详细介绍这四种断路器。

NBS（Neutral Bus Switch）：当单极计划停运时，换流阀闭锁，将该极直流电流降为零，NBS 在无电流的情况下分闸，将该极设备与另一个极隔离。如果换流阀内部发生接地故障，NBS 需要立即切断故障电流，但是如果故障电流很大，则 NBS 将不会打开。

GRTS（Ground Return Transfer Switch）：安装于接地极线与极线之间，它用以在不停运的情况下，将直流电流从单极金属回线转换至单极大地回线。

MRTB（Metallic Return Transfer Breaker）：装设于接地极线回路中，用以将直流从单极大地回线转换到单极金属回线，以保证转换过程中不中断直流功率输送。如果允许暂时中断直流功率输送，则可以不装设 MRTB。MRTB 必须与 GRTS 联合使用。

NBGS（Neutral Bus Grounding Switch）：安装于中性线和换流站接地网之间。当接地极线路断开时，不平衡电流将使中性母线电压升高，为了防止双极闭锁，提高高压直流输电系统的稳定性，利用 NBGS 的合闸来建立中性母线与大地的连接，以保持双极继续运行，从而提高了高压直流输电系统的可利用率。当接地极线路恢复正常运行时，NBGS 必须能将流经它至换流站接地网的电流转换至接地极线路。

NBGS 相对于其他直流开关来说有一个显著的特点，即当接地极线路故障时它必须能够迅速合闸，使中性线与站内接地极连接，从而确保中性线电压不会急剧增加，因此 NBGS 除了包含有一个带振荡回路的直流开关外，还有一个高速隔刀（SF_6 断路器）。正常运行时，高速隔刀处于断开位置，而带振荡回路的直流开关位于合闸位置。一旦接地极线路故障，高速隔刀立即合闸。当故障消除后，带振荡回路的直流开关拉开流入站内接地网的直流电流，振荡过程结束后，高速隔离开关拉开，带振荡回路的直流开关合闸。

1. 直流断路器特点

（1）直流电流无过零点，灭弧困难。

直流开关无法像交流开关那样利用交流电流过零的机会实现灭弧。为了使直流开关也能有效开断直流电流，它必须借助并联于 SF_6 断路器的 *L-C* 支路中的振荡电流产生过零点，当 SF_6 断路器触头开始分离时，断口间产生电弧，由于电弧的不稳定性，在断路器断口与 *L-C* 支路构成的环路中激起高频振荡电流，该振荡电流叠加在断路器断口的直流电流之上。由于 *L-C* 支路中的电阻很小，并且电弧电压随着电流的增加而减小，这样在 *L-C* 支路与断路器断口构成的环路中激起的振荡电流的幅值不仅不会衰减，反而会越来越大。当振荡电流的幅值超过流过断路器断口的直流电流时，流过断路器断口的总电流就会出现过零点，此时，SF_6 断路器断口间的电弧熄灭，直流电流被转移到 L-C 支路，并在很短的时间内将电容器充电到避雷器的动作电压水平，此电压称为"换向电压"。接着避雷器 R 动作，L-C 支路中的电流又被转移到避雷器 R 中，随后流过避雷器 R 的电流渐渐减小，直至为零。这样流过该直流断路器的直流电流就被渐渐的转移到与之并联的其他回路中去了。由此可知，直流断路器开断直流电流是一个逐步转移的过程。避雷器的作用是把电容器上的电压限制到期望值，并且吸收转移过程中高达 MJ 能量级的能量。

（2）直流回路的电感大（有平波电抗器），所以直流断路器吸收的能量大。

（3）过电压高，需要配置大容量金属氧化物避雷器。

2. 直流断路器灭弧方式

按照灭弧方式的不同，直流断路器可分为叠加振荡电流方式和耗能限流方式两大类型。

1）叠加振荡电流方式

德阳换流站 GRTS、MRTB 的灭弧方式就是采用叠加振荡电流方式，这种直流断路器由常规的交流断路器和开断电流强迫过零的装置所组成。按照转换电路方式的不同，可分为有源转换电路方式和无源转换电路方式。

（1）有源转换电路方式。

这种方式为预充电型。它有充电装置及单极合闸开关，由一个转换电容器和一个电抗器串联，然后与避雷器和 SF_6 续断器并联而成。正常运行时单极合闸开关断开，充电装置对电容器充电。直流开关分闸时，在主断口动静触头分开 15～25 ms 以后合上单极合闸开关，转换电容与电抗器之间形成振荡电流，叠加到主回路的直流上，形成一个电流过零点，电弧熄灭，如图 3-18 所示。

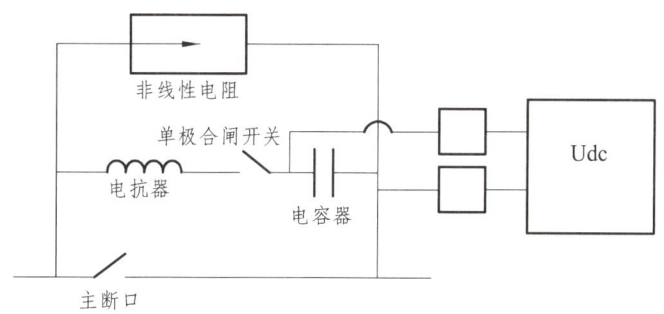

图 3-18　有源转换电路原理图

（2）无源转换电路方式。

德阳换流站直流断路器 GRTS、MRTB（图 3-19）采用的是无源转换电路方式，这种方式为自激型。它是利用电弧的负电阻特性和不稳定性，在与开断弧间隙并联的电容、电感串联回路中产生递增的自激振荡，使在电弧间隙的开断直流电流上叠加振幅的振荡电流，利用电流过零时开断电路。

它没有充电装置及单极合闸开关，由一个转换电容器和一个电抗器串联，然后与避雷器和 SF_6 续断器并联而成。电容器和电抗器组成一个振荡回路，直流断路器在断开的过程中，直流电流对电容器进行充电，进而逐步在电容器上产生一个振荡电压，在转换电容与电抗器之间形成振荡电流，叠加到主回路的直流上，形成一个电流过零点，电弧熄灭。无源转换电路原理图如图3-20所示。

图3-19 MRTB直流断路器

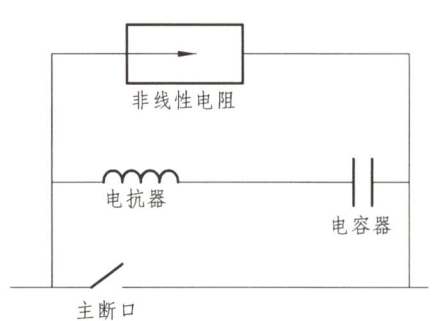

图3-20 无源转换电路原理图

2）耗能限流方式

（1）分段串入电阻型。

分段串联接入电阻耗能甩流型直流断路器的原理电路如图3-21所示。断开直流电流时，多断口断路器的断口相继断开，使串入电路的电阻逐步增大，相应的直流电流逐步减小，由最后一对断口开断电流。

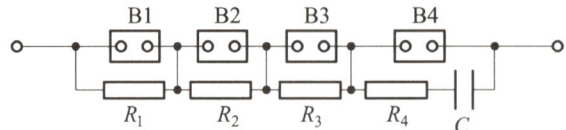

图3-21 分段串入电阻型原理图

（2）拉长电弧型。

拉长电弧型直流断路器灭弧室的内腔是螺旋形的，动触头在灭弧腔内高速的作螺旋形运动，靠电弧自身的电动力在腔内把电弧拉成螺旋形的长弧，同时靠绝缘介质的冷却和去游离的作用，耗散电弧能量，使电流开断。

（3）金属氧化物耗能型。

金属氧化物耗能型直流断路器的原理电路如图 3-22 所示。断路器 B 在切断电流时，电压升高将火花间隙 G 击穿，向电容 C 充电，当电压上升至非线性电阻 NR 的转折点时，电流转入并消耗在 NR 上，断开续流后就达到了开断电路的目的。S 是一个特殊的高速隔离开关，用以保证断路器在分闸状态下的完全隔离。

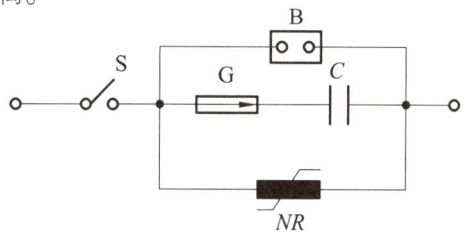

图 3-22　金属氧化物耗能型原理图

（4）磁控管断流型。

磁控管断流型直流断路器的原理电路如图 3-23 所示。分闸时断路器 B 先断开，由于极间的电弧压降将电流转移到磁控管 T_1。电容 C_1 用来抑制 T_1 的电压上升率。当 B 熄弧后，T_1 还应导通足够长的时间，以保证 B 充分去游离，当电流减小到安全值时，磁控管 T_2 断开，电流转移至电容 C，使它充电至系统电压，并吸收剩余的一部分线路能量，从而完成分闸操作。

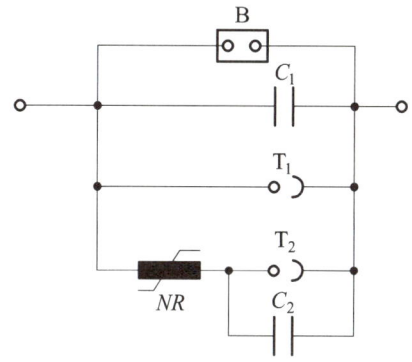

图 3-23　磁控管断流型高压直流断路器的原理电路

3.6　隔离开关、接地刀闸

3.6.1　隔离开关、接地刀闸功能

高压隔离开关主要用来同断路器相配合，进行倒闸操作，改变运行方式，断开无负荷电流的

电路、隔离电源。其在分闸状态时有明显的断开点，将需要检修的电气设备与带电的电网可靠隔离，保证人员和设备的安全。它没有专门的灭弧装置，不能切断负荷电流及短路电流。因此，隔离开关只能在电路已被断路器断开的情况下才能进行操作，严禁带负荷操作，以免造成严重的设备和人身事故。但它允许通断一定的小电流，用来开断小电流电路和旁（环）路电流。

3.6.2 隔离开关结构

高压隔离开关是一种没有灭弧装置的开关设备，主要由导电部分、绝缘部分、传动部分和底座部分组成。德阳换流站隔离开关分为直流隔离开关和交流隔离开关两大类。500 kV 交流隔离开关如图 3-24，直流隔离开关如图 3-25 所示。

图 3-24　交流隔离开关

图 3-25　直流隔离开关

500 kV 交流隔离开关包括湖南长高高压开关集团股份公司生产的 W35-550D(W)/4000 单柱单臂垂直伸缩式隔离开关（单接地）20 组，GW36-550SD1D2(W)/4000 三柱水平伸缩组合双断口双静触头隔离开关 1 组，GW36-550SIID1D2(W)/4000 三柱水平伸缩组合式双断口双静触头隔离开关 8 组；110 kV 交流隔离开关为山东泰开高压开关有限公司三相联动式隔离开关 1 组；35 kV 交流隔离开关为山东泰开高压开关有限公司三相联动式隔离开关 1 组。直流隔离开关及地刀组合装置包括型号为极母线高压侧 ZBF12-515 系列组合装置（8 套）；中性线和接地极型号为 ZBF10-050 组合装置（13 套），生产厂家均为西门子公司。

3.7 电流互感器

3.7.1 电流互感器的功能

1. 电磁式电流互感器的功能

同电力变压器一样,电流互感器也是根据电磁感应原理工作,当一次侧流过电流时,在电流互感器的铁芯中产生交变磁通,此磁通在二次绕组产生感应电势,由此产生二次回路电流。电流互感器的一、二次额定电流之比称为额定电流比,即 $K_n = I_{1n}/I_{2n}$。根据磁势平衡原理,如果忽略励磁电流,其电流比也可以认为就是电流互感器的二次绕组和一次绕组之比,即 $k_n = K_N = N_1/N_2$。一次绕组匝数 (N_1) 较少,串接在需要测量的回路中,一次绕组流过的电流 (I_1) 就是被测回路的电流,随着负荷的大小而变化,电流变化很大。二次绕组的匝数 (N_2) 较多,串接在测量仪表或继电保护回路里。因测量仪表、继电保护回路阻抗很小,所以电流互感器二次绕组回路在正常工作时近于短路状态。图3-26为电流互感器实物图,图3-27为交流电流互感器工作原理图。

图3-26 电流互感器

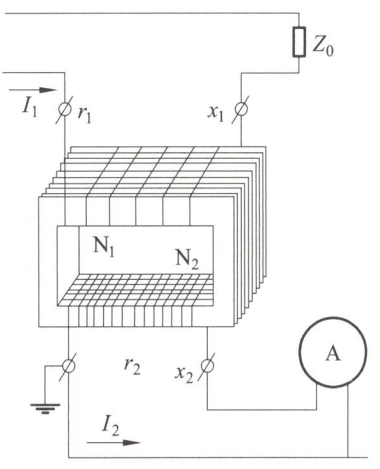

图3-27 交流电流互感器工作原理图

2. 光电式电流互感器OCT的功能

光电式电流互感器工作原理仍基于电磁感应原理,按其原理与结构分为有源型、无源型及全光纤型3类。三种类型的光电式电流互感器,输出数字和模拟共存的信号,并且根据用途与被测量的要求设定输出路数。德阳换流站用的是 ABB 公司的直流光电流互感器（图 3-28）、西整（不平衡 CT）、南瑞公司。图 3-29 为直流光电流互感器传输路径图。

图 3-28　直流光电流互感器图

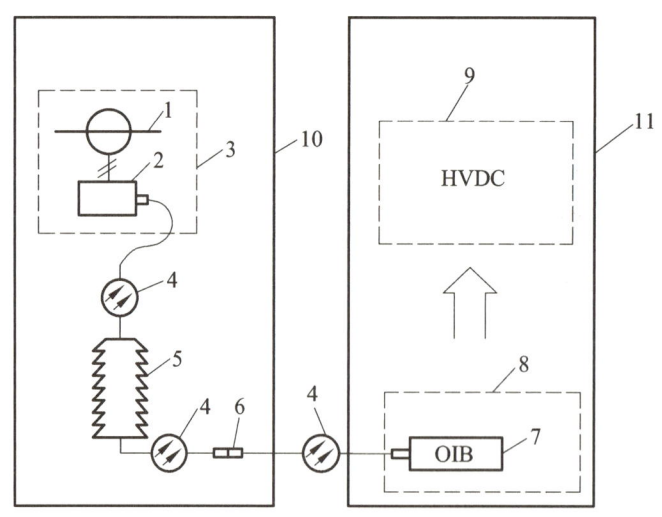

图 3-29　直流光电流互感器传输路径图

1—高压直流线；2—远程模块（一次电流转换器）；3—光 CT 本体；4—光纤；
5—高压绝缘子；6—光纤耦合器；7—光接口板；8—控制保护主机；
9—HVDC 控制保护系统；10—户外部分；11—户内部分

直流光电流互感器主要由罗夫斯基线圈、远端模块，光纤、光接口板等组成。在高压侧罗夫斯基线圈（相当于空心线圈）将母线电流变成若干伏特的电压信号，该电压模拟量在远端模块转换成数字光信号，然后通过光纤将光信号送到控制室内。装设在屏柜内部的光接口板将光信号转换为数字电信号，供继电保护或电能计量等装置使用。

光电流互感器与传统电流互感器相比，具有下述优势：优良的绝缘性能，造价低；不含铁心，消除了磁饱和、铁磁谐振等问题；抗电磁干扰性能好，低压侧无开路高压危险；暂态响应范围大，测量精度高，频率响应范围宽；没有因充油而产生的易燃、易爆等危险；体积小、重量轻；适应了电力计量与保护数字化和自动化发展的潮流。

3. 零磁通电流互感器的功能

零磁通电流互感器是指磁通为零的互感器，即互感器的铁芯没有磁通（理论上）。电流互感器的误差是由提供磁通的交变励磁电流产生，若把它降为零，互感器就没有误差了。但是实际上由于分布电容、漏感等原因，零磁通电流互感器也存在误差，只是比一般互感器的精度提高了至少一个数量级。

互感器要有电流输出，就必须使外部短路，由于线圈有内阻，势必有电压降。这个电压降需要由交变的磁通产生电动势提供。实现零磁通最简单有效的方法就是利用另一个叠加在主互感器上的辅助互感器来提供反电动势，去补偿 $I \times R$ 产生的压降，这样就不需要主互感器的磁通来提供电动势了，实现零磁通目的。

零磁通电流互感器的铁芯和线圈组件里的理想安匝数是平衡的，所以测量精度就只和电气模块中的负载电阻和输出放大器有关。

3.7.2 电流互感器的结构

1. 光电流互感器结构

光电流互感器主要由罗夫斯基线圈、远端模块，光纤、光接口板等组成。在高压侧罗夫斯基线圈（相当于空心线圈）将母线电流变成若干伏特的电压信号，该电压模拟量将远端模块转换成数字光信号，然后通过光纤将光信号送到控制室内。装设在屏柜内部的光接口板将光信号转换为数字电信号，供继电保护或电能计量等装置使用。

2. 零磁通电流互感器的结构

零磁通电流互感器主要由一次绕组、补偿绕组、放大器模块等元件组成，采用磁通补偿原理，时刻保持铁芯和线圈组件里的磁通为零。铁芯和线圈组件包括三个铁芯：T_1、T_2 和 T_3，每个都有一个辅助绕组 N_1、N_2 和 N_3。在这三个铁芯周围有一个补偿绕组，这个绕组包括了两个匝数相同，并联的绕组 N_4、N_5。为了校核，绕组 N_5 应当断开并且作为校核的输入端。图 3-31 为零磁通直流电流互感器原理图。图 3-31 中 I_d 为被测直流电流，I_2 为副边补偿电流。

图 3-30 零磁通直流电流互感器

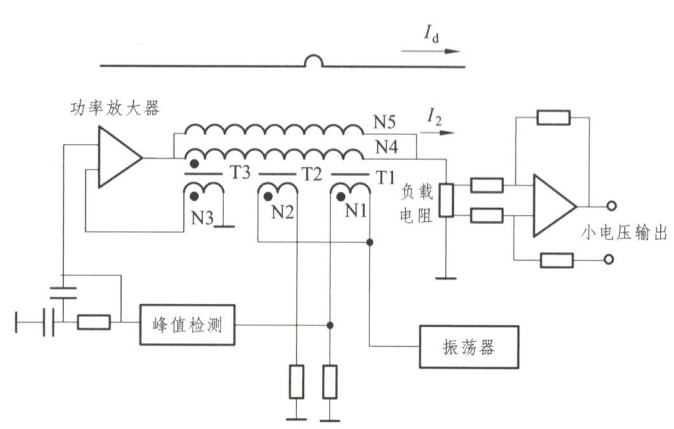

图 3-31 零磁通直流电流互感器原理图

铁芯 T_3 是一个磁通稳定器或者电磁积分器，在此绕组上感应出任何电压都会被功率放大器立即消除，为了忽略直流漂移瞬间的影响，放大器通过调节二次侧电流与测量电流一致来维持铁芯中理想的安匝平衡。铁芯 T_1，T_2 为电磁力平衡探测器，通过连续检测安匝平衡的慢速偏差，消除功率放大器的扰动。绕组 N_4 和 N_5 将作为一个正常的电流互感器，提供电流给负载电阻。任何一次导致铁芯里直流磁通的过励都将被一个饱和的检测器检测到，此检测器提供一个信号给控制系统，显示直流电流测量装置过电流。

电磁力平衡探测器动作原理：励磁发生器使铁芯 T_1，T_2 趋向饱和，当铁芯饱和时，电流急剧上升。N_1 绕组中电流的上升可由峰值检测器检测。N_2 绕组能完全平衡由 N_1 绕组产生的电磁通。如果铁芯中还有纯直流磁通的话，峰值检测器就会检测到，并且作为正向和反向电流峰值的差值，最后加一个修正信号给功率放大器。

德阳换流站直流系统的零磁通电流互感器采用的是 4HVI 系统，该测量装置的原理是基于原边绕组通过电流所产生的磁通与副边绕组通过电流所产生的磁通相抵消为零，即所谓的零磁通。它有一个带峰值检测的磁调节器，它不断地核实副边安培匝数（即副边电流产生的磁势）与原边是否存在一个完全的磁势平衡。能精确反映原边电流的副边电流是通过负载电阻回路提供的，通过负载回路输出的电压信号被放大为可利用信号来进一步提供给直流系统的二次设备使用。该系统具有不需温度控制、稳定、精确的特点。标准为：原边电流可高达 4kA，与原边电流成比例的副边电压可达 2 V，这样的话，使过负荷时测出的二次电压达 6 V（300%），暂态电压达 10 V（500%）。

德阳换流站内的电流互感器可分为：电磁式电流互感器和光电流互感器。500 kV 直流电流互感器包括 8 套光电流互感器，8 套零磁通电流互感器，5 套中性母线电容和避雷器电流互感器。500 kV 交流电流互感器是由湖南电力电瓷电器厂生产，型号为 LVQBT-500W2 电流互感器（共 25 组）；110 kV 交流电流互感器是由湖南电力电瓷电器厂生产，型号为 LVB-110 电流互感器（1 组）、LJW1-10 电流互感器（1 组）；35 kV 交流电流互感器是由湖南电力电瓷电器厂生产，型号为 LVB-35W（1 组）。

3.8 电压互感器

3.8.1 电压互感器的功能

（1）将一次回路的高电压转为二次回路的标准低电压，可使测量仪表和保护装置标准化，使二次设备结构轻巧，价格便宜。

（2）使二次回路可采用低电压控制电缆，使屏内布线简单，安装方便，可实现远方控制和测量。

（3）使二次回路不受一次回路限制，接线灵活，维护方便。

（4）使二次与一次高压部分隔离，且二次部分装设接地点，确保二次设备和人身安全。

3.8.2 电压互感器的结构

电压互感器按绝缘结构可分为电磁式电压互感器、串级式电压互感器和电容式电压互感器三种。

1. 电磁式电压互感器

电压互感器的结构和原理与电力变压器类似，在一个闭合磁路的铁芯上，绕有互相绝缘的一次绕组和二次绕组，将高电压、大电流转换成低电压、小电流。图 3-32 为电磁式电压互感器原理接线图。

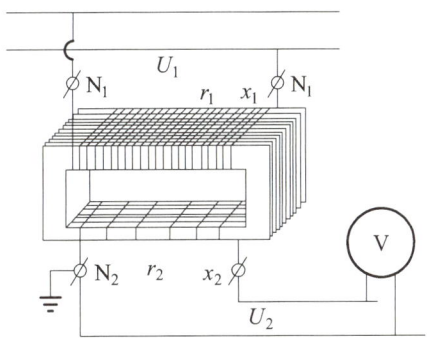

图 3-32 电磁式电压互感器原理图

2. 电容式电压互感器

电容式电压互感器（CVT）除具有电磁式电压互感器的作用外，还可以兼作耦合电容器，与电力系统载波机相连，作高频载波通道使用。它主要用于测量、继电保护、同步检测、长距离通信、遥测和监控等。图 3-33 为电容式电压互感器原理接线图。

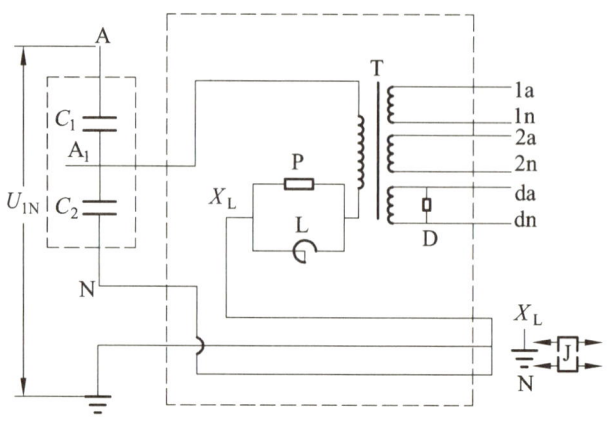

图 3-33　电容式电压互感器原理图

电容式电压互感器的工作原理可概括为：耦合电容器分压，中间变压器降压，电抗器补偿，阻尼器保护。在运行中首先通过电容分压器将运行电压变为 A_1 点的电压 U_{A1}，然后通过中压变压器输出所需的二次电压，由电容分压原理可知：

$$U_{A1} = U_{IN} \times C_1 / (C_1 + C_2)$$

其中，U_{IN} 为系统运行电压。电压互感器出线端子盒内的 N 端子在互感器用作载波通信时，要经结合滤波器接地；当互感器不作载波通信时，该端子必须直接接地，不允许开路。

电容式电压互感器包括电容分压器和电磁装置两部分，电容分压器由高压电容器 $C1$（主电容器）和串联电容器 C_2（分压）组成，电容分压器由 1～3 节耦合电容器串联叠装而成，其主要作用就是分压，将一次系统电压 U_1 分压为 U_2（一般分为 10～20 kV），电磁装置由中间变压器 TV 和补偿电抗器 L 组成，中间变压器将分压电容器上的电压降低到所需的二次电压值，由于分压电容器上的电压会随负荷变化，在分压回路串入电感 L（补偿电抗器），用来补偿电容器的内阻抗，达到稳定电压的目的。分压电容器之所以不能作为输出端直接与测量仪表相接，是因为二次回路阻抗很低，将影响其准确度，因此要经过一个电磁式电压互感器降压后再接入仪表。

电容式电压互感器还设有保护装置和载波耦合装置。保护装置包括两个火花间隙 F_1、F_2，用来限制补偿电抗器和电磁式电压互感器与分压器的过电压，阻尼电阻 RD 用来防止持续的铁磁谐振。载波耦合装置是一种能接收载波信号的线路元件，把它接到开关 S 的两端，其阻抗在工频电压下很小，完全可以忽略，但在高频下其数值很可观，当不接入载波耦合装置时，接地开关 S 应合上。

直流电压分压器利用阻容分压的原理，又叫阻容分压器。包括一个高压支路及一个带连接端口的低压支路，根据分压比例，通过低压输出电压反映一次电压，低压输出端电压送至控制保护系统进行测量运算。直流分压器测量直流系统电压，供二次系统的控制、保护、录波使用。该电压量用于 8 个直流相关保护，均会直接导致直流强迫停运。

按照本体绝缘形式可将直流分压器分为充油式、充 SF_6 或 N_2 式；按照二次信号的传输形式可分为电缆传输和光纤传输。

直流分压器（图 3-34）一般安装在极母线和中性母线上。图 3-35 为直流分压器电气原理图。采用电阻、电容分压原理，电阻测量直流电压，电容测量快速变化的交流分量，按照分压比例，在低压部分测量出一次设备电压，并送至电子设备进行测量运算。

图 3-34 直流分压器图

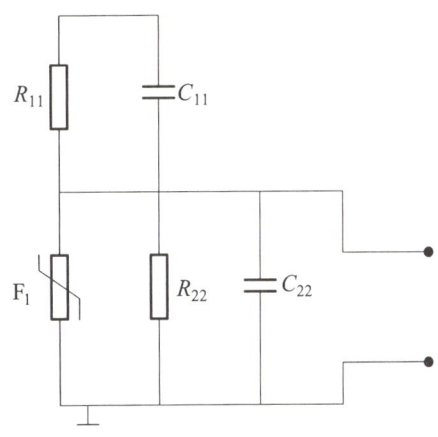

图 3-35 直流分压器电气原理图

直流分压器 IX 9000-G2 OPDL 系统由三个模块组成，即远端模块，本地系统和模拟输出模块。远端模块（9001）安装在直流分压器结构上，负责现场数据采集，包括电源转换器和相关的电源调节电路、三个装有前置放大器和滤波器的 16 位模拟-数字信号转换器（ADC）、数字控制电路以及用于回传数据通信的 LED。本地模块（9000）包括激光模块，同步模块和数据模块。激光模块向其所连接的远端模块 9001 提供光电源及时钟信息；同步模块用于提供时钟，以保证所有远端模块输入同时开始采样。这些脉冲通过后面板传输给激光模块；模拟输出模块 9006 把本地模块输出的光信号转换为模拟量信号，提供给极保护 PPR、极控制 PCP 和故障录波。

德阳换流站内的电压互感器分为直流分压器和交流电压互感器。直流分压器采用西门子生产的电容补偿式电阻分压器 HVR-GC（4 台）；500kV 交流电压互感器采用桂林电力电容器有限责任公司产品，型号为 TY14525/$\sqrt{3}$-0.005(5 组) 和 TYD13 525/$\sqrt{3}$-0.005H(5 组)；110 kV 交流电压互感器采用大连互感器有限公司产品，型号为 TYD110/$\sqrt{3}$-0.01H（1 组）；35 kV 交流电压互感器采用大连互感器有限公司产品，型号为 TYD35/$\sqrt{3}$-0.01H（1 组）。

3.9 交流滤波器

换流器在换流的过程中会在交流侧和直流侧产生谐波电压和谐波电流，对于 12 脉动的换流器而言，它在交流侧将主要产生 $n=12k\pm1$ 次的特征谐波，在直流侧产生 $n=12k$ 次特征谐波，如果谐波过大，将会造成发电机和电容过热，换流器的控制不稳定，对通信系统产生干扰，有时还会引起电网中发生局部的谐振过电压。

减小换流器特征谐波的主要方法有增加换流器的脉动数和装设滤波器两种。因为换流器脉动数越大，特征谐波的次数越高，谐波电流的有效值越小，但是增加脉动数到 12 次以上，将使换流变结构复杂，制造困难，价格昂贵不经济，所以几乎都采用装设滤波器来限制谐波的方法。

3.9.1 交流滤波器的功能

交流滤波器的基本原理是通过电抗器、电容器和电阻器的不同组合致使某次谐波流经它时所呈现的阻抗很小，从而将谐波电流导出系统，达到滤除谐波的目的，同时由于电容器、电抗的存在，电流经过时能够产生一定的无功功率，达到提供无功的目的。

1. 交流滤波器的作用

（1）为交流网和换流器提供所需的无功功率。

（2）当发生接地故障时，限制流入系统的故障电流。

（3）滤除交流侧特定次谐波和稳定交流电压。

2. 并联电容器中串联小电抗的作用

（1）降低电容器组的涌流倍数和频率。

（2）可与电容结合起来对某些高次谐波进行调谐，滤掉这些谐波，提高供电质量。

（3）与电容器结合起来调谐也可抑制高次谐波，保护电容器。

（4）电容器本身短路时，可限制短路电流，外部短路时也可减少电容对短路电流的助增作用。

（5）减少非故障电容向故障电容的放电电流。

（6）降低操作过电压。

3.9.2 交流滤波器的分类

滤波器类设备,按用途分为交流滤波器和直流滤波器;按连接方式分为串联滤波器和并联滤波器;按滤波原理分为无源滤波器和有源滤波器;按阻抗特性分为单调谐滤波器、双调谐滤波器、高通滤波器、C型滤波器以及自调谐滤波器等。

在德阳换流站中,交流滤波器采用的是常规的无源滤波器,且单、双调谐的无源滤波器的应用最为广泛,交流滤波器实物图如图3-36所示。德阳换流站交流滤波器组分为三个大组,有HP3(图3-37)次滤波器、HP11/13(图3-38)、HP24/36(图3-39)、并联电容器组(图3-40)。全站共十二小组交流滤波器,总容量为1860 Mvar。

图3-36 交流滤波器图

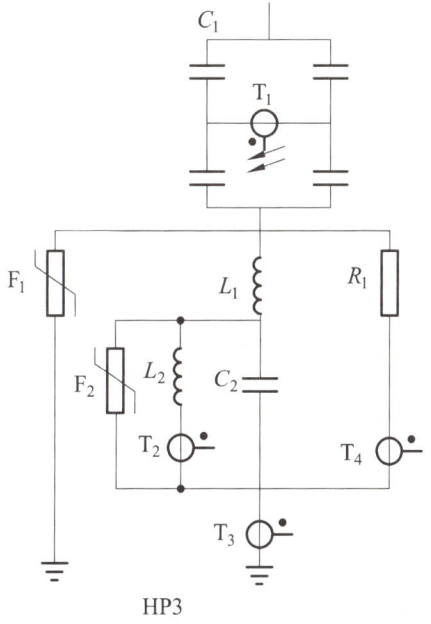

图3-37 HP3滤波器电气原理图

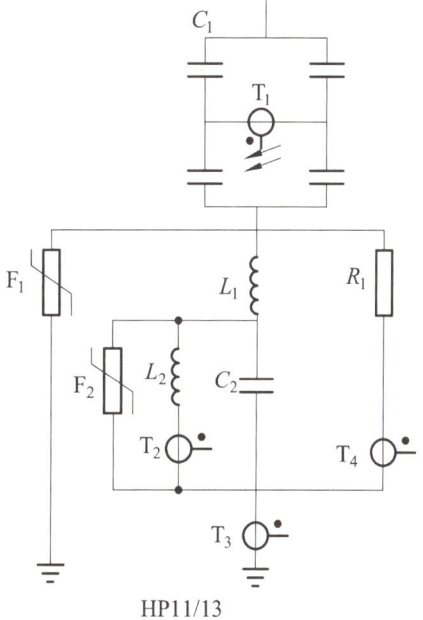

图3-38 HP11/13滤波器电气原理图

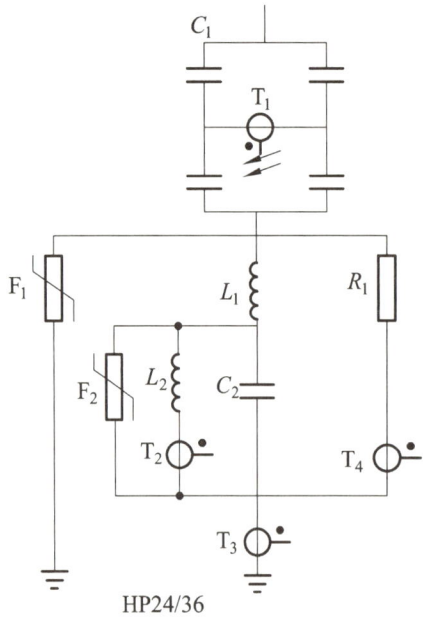
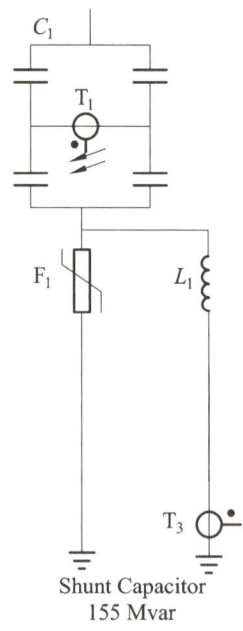

图3-39 HP24/36滤波器电气原理图

图3-40 并联电容器组电气原理图

3.10 避雷器

3.10.1 避雷器的功能

避雷器能释放雷电并兼能释放电力系统操作过电压的能量，保护电气设备免受瞬时过电压危害，又能截断续流，不致引起系统接地短路。避雷器能保护电力系统中各种电器设备免受雷电过电压、操作过电压、工频暂态过电压冲击而损坏。避雷器通常接于带电导线与地之间，与被保护设备并联。当过电压值达到规定的动作电压时，避雷器立即动作，流过电荷，限制过电压幅值，保护设备绝缘；电压值正常后，避雷器又迅速恢复原状，以保证系统正常供电。德阳换流站防雷保护由四个部分组成：避雷针、避雷线、避雷器和接地网。换流站避雷器实物图如图3-41所示。

图3-41 避雷器

3.10.2 避雷器设备的结构

金属氧化物避雷器（氧化锌避雷器）是由氧化锌压敏

电阻构成,每一块压敏电阻从制成时就有它的一定开关电压(叫压敏电压)。在正常的工作电压下(即小于压敏电压)压敏电阻值很大,相当于绝缘状态;但在冲击电压作用下(大于压敏电压),压敏电阻呈低值从而被击穿,相当于短路状态,然而压敏电阻被击状态是可以恢复的,当高于压敏电压的电压撤销后,它又恢复了高阻状态。因此,在电力线上如安装氧化锌避雷器后,当雷击时,雷电波的高电压使压敏电阻击穿,雷电流通过压敏电阻流入大地,使电源线上的电压控制在安全范围内,从而保护了电器设备的安全。

避雷器的有源部件为金属氧化物电阻器。其布置在一个或多个平行的叠柱中,安装在带高绝缘电阻瓷裙的气密瓷壳中(图3-42)。带有气体导流嘴的法兰由防风雨轻质合金制成,并与瓷壳相连。防风雨和抗臭氧密封圈以及耐腐蚀金属隔膜能够确保在多年使用中具有良好的密封效果。避雷器的各节单元在上下两端分别装有安全膜和气体分流片。在极少发生的避雷器过载情况下,这些膜在压力仅达到瓷壳耐受压力的20%时便会打开。气体分流喷嘴的形状经专门设计,以保证气流对冲,从而将电弧保持在瓷壳以外,直到线路断开。必要时避雷器可装配均压环。

金属氧化物电阻器具有高度的非线性特性,即突变性电压—电流特性,其表现为在某一特定的电压值下,仅有极小的漏电电流通过避雷器。本避雷器的设计特点是,在正常的持续电压条件下,由于

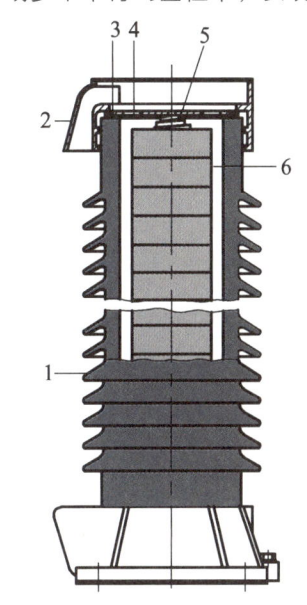

图3-42 金属氧化物避雷器的剖视图
1—绝缘体;2—带有气体导流件的法兰;
3—密封;4—释压膜;5—压缩弹簧;
6—非线性金属氧化物电阻器

避雷器的阻值达数百兆欧,所以仅有漏电电流通过。在雷电或操作过电压情况下,电阻器变为导电体(欧姆量程),从而将冲击电流导入大地,并将过电压减弱至避雷器的压降值(残留电压)。冲击电流在操作过电压下可达到1 kA,在雷电过电压下可达到20 kA。

德阳换流站避雷器均为金属氧化锌避雷器。其中500 kV交流场及线路出线区域9台,交流滤波器开关场12台(不含交流滤波器组围栏内避雷器),换流变进线区域16台,直流场8台,阀厅4台。110 kV站用变区域4台,35 kV站用变区域3台。

第 4 章　德阳换流站二次设备

德阳换流站二次系统主要由交流继电保护系统和直流控制保护系统两部分构成。交流继电保护系统主要包括安全稳定控制系统、断路器保护、站用变压器保护、线路保护、母线保护等。直流控制保护系统采用 PCS-9500 平台，主要由直流控制系统、极保护系统、换流变压器保护、直流滤波器保护、交流滤波器保护、监控系统等组成。

4.1　交流继电保护系统

4.1.1　安全稳定系统

德阳换流站安全稳定系统由安全稳定控制系统和交直流协调控制系统组成。

1. 安全稳定控制系统

德阳换流站安全稳定控制装置采用 SCS-500E 分布式稳定控制装置，双套配置，互为备用，共 5 面屏，由控制楼三楼站控室安控装置采集及决策 1# 主柜、2# 主柜，控制楼通信机房安控装置通信接口柜和 51、52 继电器室的从柜组成，简称德阳站安控装置。德阳站安控装置与谭家湾、复龙、龙泉、宜都换流站的安控装置及相关通道总称为德阳换流站安全稳定控制系统（简称德阳安控系统），是保证德宝直流以及特高压互联电网安全稳定运行的重要设备。依据特高压系统的稳定分析，当德宝直流、特高压联络线同向受电时，德宝直流的直流极故障造成的功率振荡将引起特高压线路传输功率超出其静稳极限。该套安控系统根据德宝直流单、双极闭锁情况，潮流方向，通过切机、切负荷等稳控策略，确保四川电网（近区）、华中电网（大区）的安全稳定运行。

2. 交直流协调控制系统

德阳换流站交直流协调控制系统，调度命名为中州安全稳定控制系统，采用了 SCS-500E 分布式稳定控制装置，双套配置，共 4 面屏，由控制楼三楼站控室中州安控装置 $1^{\#}$ 主柜、$2^{\#}$ 主柜、控制楼通信机房中州安控装置通信接口柜、2 M 通信切换柜组成，简称德阳站中州安控装置。德阳站中州安控装置以及与复龙安控装置相关通道总称为德阳换流站中州安全稳定控制系统（简称德阳中州安控系统），是天中直流以及特高压互联电网安全稳定运行的重要设备。德阳换流站中州安控装置主要功能为：监测 2 台换流变的运行情况，进行故障判别，将直流可调量上送至复龙换流站。德阳换流站本期不接收复龙的直流附加功率调制命令，直流调制功能远期考虑。

4.1.2 交流母线保护

500 kV 交流母线保护按双重化配置，两条母线保护的第一套保护为 RCS-915E 微机母线差动和母线过电压保护装置，第二套母线保护为 BP-2C-H 微机母线保护装置。

母线差动保护一般由启动元件、差动元件、抗饱和元件等构成。启动元件一般由和电流突变量启动、差电流启动、工频变化量突变量启动等元件组成。母线差动保护的主要元件是差动继电器，其基本原理是利用差动原理。

母线正常运行时：

$$\left|\sum_{i=1}^{n} I_i\right| = 0 \tag{4-1}$$

母线发生故障时：

$$\left|\sum_{i=1}^{n} I_i\right| > I_{cd} \tag{4-2}$$

将连接到母线上的所有支路的电流相量和的绝对值 I_{cd} 作为动作判据，理论上正常运行及区外故障时，I_{cd} 等于 0；内部故障时，I_{cd} 增大，差动继电器动作。实际构成时，为防止区外故障时由于 TA 的各种误差及饱和等原因造成的不平衡电流增大使差动继电器误动，故采用各种带制动特性的差动继电器。常见的母线差动元件有常规比率母差元件、工频变化量比率差动、复式比率差动等，这些差动元件的差动电流均相同，制动电流选取有差异，因而在区外故障及区内故障时制动能力和动作灵敏度均有差异，但作用都是在区外故障时让动作电流随制动电流增大而增大，使之能躲过区外短路产生的不平衡电流，而在区内故障时则希望差动继电器有足够的灵敏度。在母线近端发生区外故障时，有可能因为 TA 饱和而导致出现很大的不平衡电流（差流）而使母线差动保护误动。比率制动的母差保护的制动系数 K 直接影响到其抗 TA 饱和的能力，为提高抗饱和能力必须提高 K 值，而提高 K 值势必降低保护在区内故障时的灵敏度，尤其在重负荷下故障或经过渡电阻故障时矛盾更为突出。因此为了防止区外故障 TA 严重饱和导致母差误动，需配置抗饱和元件来解决，当发现差动元件的差流是由于区外饱和引起的则闭锁差动元件，否则开放差动元件。

4.1.3 线路保护

500 kV 交流线路包括谭德一线、谭德二线两条，这两条线路保护的第一套均由光纤差动保护（RCS-931AM）和远方跳闸及过电压保护（RCS-925A）组成，第二套保护均由光纤电流差动保护（CSC-103A）和远方跳闸及过电压保护（CSC-125A）组成。谭德Ⅰ、Ⅱ线 500 kV 交流线路保护配置如表 4-1 所示。

表 4-1 谭德Ⅰ、Ⅱ线 500 kV 交流线路保护配置

		保护名称			动作后果	
第一套微机线路保护	RCS-931AM	主保护	光纤差动保护	分相电流差动保护	跳线路相应串内开关，启动开关重合闸，永久故障闭锁重合闸	启动线路相应串内开关失灵保护，故障录波，中央报警，事件记录
				零序电流差动保护		
		后备保护	距离保护	三段相间距离保护		
				三段接地距离保护		
			零序保护	反时限方向过流保护		
				延时段方向过流保护		
	RCS-925A	主保护	远方跳闸及过电压保护	过电压保护	跳线路相应串内开关，闭锁重合闸，启动远跳	
				收信跳闸	跳线路相应串内开关，闭锁重合闸	
第二套微机线路保护	CSC-103A	主保护	光纤差动保护	突变量差动保护	跳线路相应串内开关，启动开关重合闸，永久故障闭锁重合闸	
				高定值和低定值分相式电流差动保护		
				零序电流差动保护		
		后备保护	距离保护	三段相间距离保护		
				三段接地距离保护		
				快速距离Ⅰ段保护		
			零序保护	四段零序方向保护		
				零序反时限保护		
			过流保护	PT 断线后的过流保护		
				零序过流保护		
	CSC-125A	主保护	远方跳闸及过电压保护	过电压保护	跳线路相应串内开关，闭锁重合闸，启动远跳	
				收信跳闸	跳线路相应串内开关，闭锁重合闸	

1. 光纤差动保护原理

光纤电流差动保护通过光纤电缆传输继电保护需要的模拟量信号和开关量信号。正常运行时，通过光缆将线路对侧的电流幅值和相位传送到本侧，与本侧的电流幅值和相位进行比较。线路正常输送负荷的情况下，两侧的电流幅值相等，相位互差180°，保护中的差电流为0，保护装置不动作，当被保护线路发生区内故障时，两侧的电流相位相差0°，两侧保护瞬时跳开本侧开关。区外故障时，两侧电流的相位与正常运行时相同，相差180°，两侧电流的幅值则因为故障电流的大小不同而不等，特别是当区外故障电流较大时，由于两侧CT的特性差异，会造成电流差动保护中的不平衡电流增加，差流增大，导致保护误动。为此，光纤电流差动保护具有比率制动特性，可有效地保证区外故障时保护不会误动。

2. 距离保护

在线路发生短路时，距离保护测量阻抗 $Z_K = U_K / I_K = Z_d$ 等于保护安装点到故障点的（正序）阻抗，显然该阻抗和故障点的距离是成比例的，因此习惯地将距离保护继电器称为阻抗继电器。距离保护一般设置为三段，Ⅰ段为瞬动段，即在一段范围内发生故障时，距离一段瞬时动作跳闸。Ⅰ段的整定范围为被保护线路的全长（接地距离短些，60%～70%），这是由于距离保护第Ⅰ段的动作时限为保护本身的固有动作时间，为了和相邻的下一条线路的距离保护有选择性的配合，两者范围不能有重叠的部分，否则，本线路第Ⅰ段的保护范围会延伸到下一线路，造成无选择动作。另外，保护定值计算用的线路参数有误差，电压互感器和电流互感器的测量也有误差，考虑最不利的情况，如果这些误差为正值相加，且第Ⅰ段的保护范围为被保护线路全长的100%，就不可避免地要将第Ⅰ段保护范围延伸到相邻下一条线路。此时，若下一线路出口故障，则相邻的两条线路都将跳闸，这将使保护失去选择性，扩大停电范围，所以，阻抗一段定值按线路末端故障可靠不动作整定，取线路全长的80%～85%。接地距离由于相邻线路出口故障时，有可能会误动，因此保护范围稍短些。

Ⅱ段和Ⅲ段为延时动作段，也称为后备段，Ⅱ段阻抗整定范围不超过相邻线路Ⅰ段的保护范围，为保证选择性，延时0.5 s左右（微机保护为0.4 s）动作。Ⅲ段阻抗按躲开正常运行时负荷阻抗来整定。

4.1.4 断路器保护

每台断路器都配置一套RCS-921A断路器保护，单独配置保护屏。RCS-921A是由微机实现的数字式断路器失灵起动及辅助保护装置，装置功能包括失灵起动、三相不一致保护、两段相过流保护和两段零序过流保护、充电保护等功能，可经压板和软件控制字分别选择投退。

当被保护线路或元件发生故障，继电保护动作跳闸，脉冲已经发出，而断路器却因本身原因没有跳开，失灵保护则以较短的延时，跳开故障开关的相邻开关，或故障开关所在母线上所有其他开关，以尽快将故障线路或元件从电力系统切除，断路器失灵保护原理图如图4-1所示。

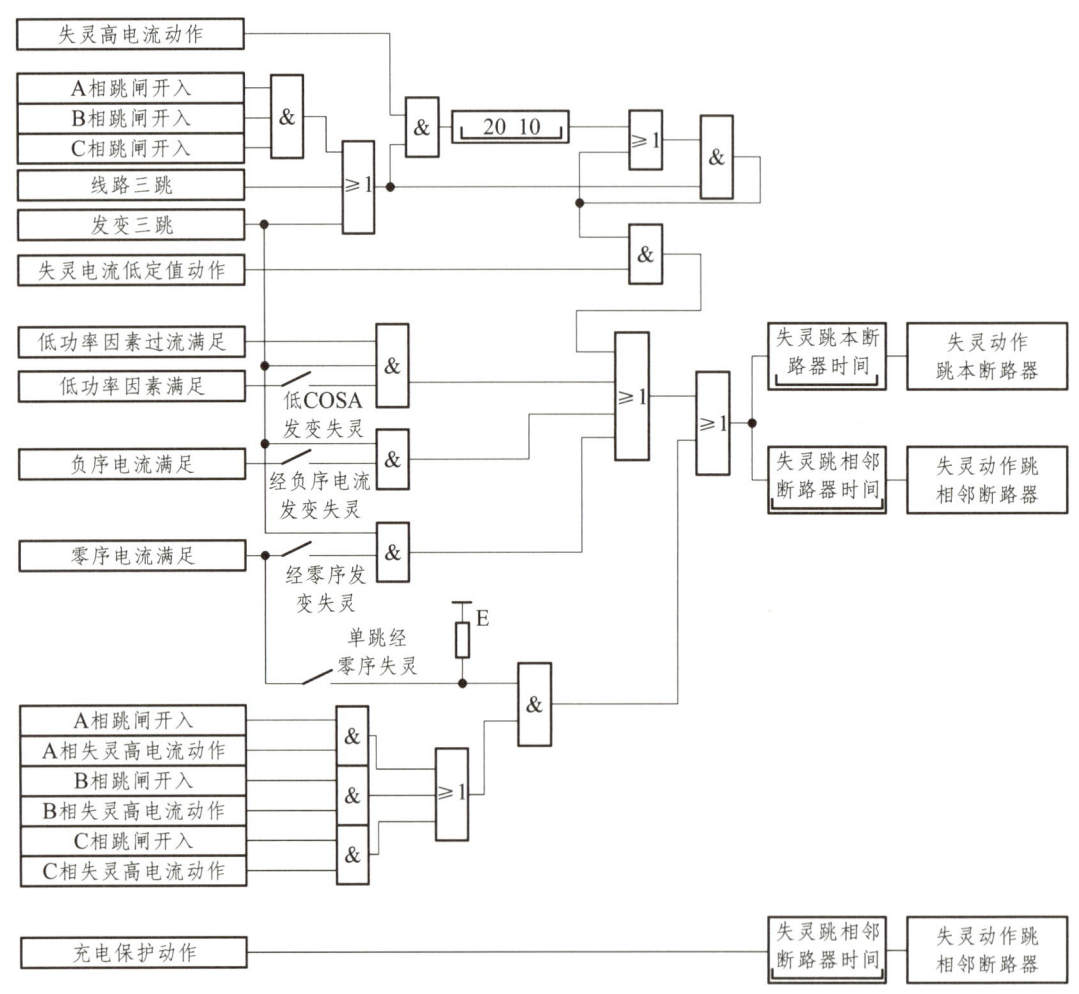

图 4-1 断路器失灵保护原理

4.1.5 站用变保护

1. 500/10 kV 站用变保护

德阳换流站 500/10 kV 站用变压器容量为 40 MVA，变压器保护采用 RCS-978CN 和 RCS-

974A 保护装置，以保护站用变压器的内部短路和接地故障，具体配置如下。

（1）电气量保护：采用双重化配置，使用两套 RCS-978CN，实现 500/10 kV 站用变压器的主保护及各侧后备保护；

（2）非电量保护：使用一套 RCS-974A，实现 500/10 kV 站用变压器的非电量及辅助保护，并使用一套 RCS-921A，实现 500/10 kV 站用变压器低压侧开关失灵保护。

500/10 kV 站用变压器保护配置如图 4-2 所示。

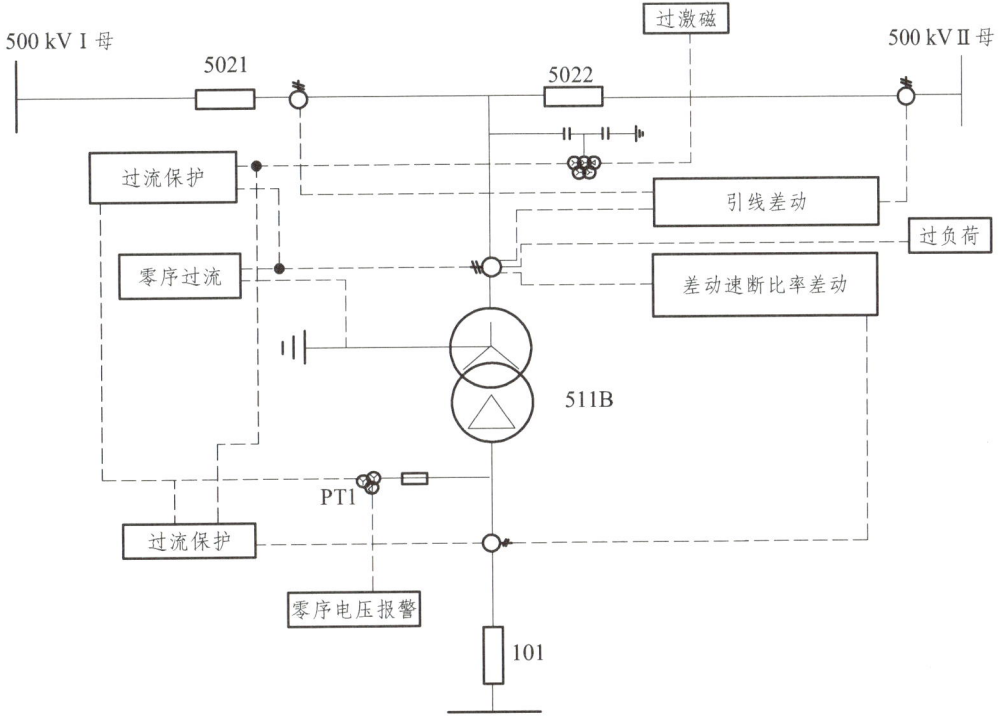

图 4-2　500/10 kV 站用变压器保护配置

（1）主保护。

主保护包括差动速断、比率差动、引线差动，主保护跳开变压器两侧断路器，TA 断线则闭锁差动和引线差动。

（2）过激磁保护。

过激磁保护包括定时限过激磁报警和跳闸、反时限过激磁报警和跳闸。

（3）Ⅰ侧后备保护。

①过流保护：过流保护经复压闭锁，过流保护Ⅰ段经方向闭锁，过流保护经Ⅲ侧复压闭锁。

②零序电流保护：零序方向判别用自产零序电流，零序Ⅰ、Ⅱ段用自产零序电流。

③过负荷报警。

（4）Ⅲ侧后备保护。

①过流保护：过流保护经复压闭锁，过流保护经Ⅰ侧复压闭锁。

②过负荷、零序电压报警。

（5）Ⅲ侧失灵保护。

采用 RCS-921A 断路器失灵保护及自动重合闸装置，实现 500/10 kV 站用变压器低压开关侧失灵保护。本 RCS-921A 保护仅作为低压侧开关失灵保护用，重合闸及其他保护停用，投入保护有：投失灵保护、投零序开放失灵、低 COSA 发变失灵、经零序发变失灵、经负序发变失灵、投跟跳本开关、不一致经零序、投死区保护、投未充电沟三跳、投闭锁重合闸。

（6）非电量保护。

500/10 kV 站用变压器非电量保护采用 RCS-974A 非电量及辅助保护，实现 500/10kV 站用变压器的非电量保护。

500/10 kV 站用变压器非电量保护如下：

①本体重瓦斯：动作后果为跳闸；

②本体轻瓦斯：动作后果为报警；

③本体油位异常：动作后果为报警；

④本体油温高：动作后果为报警；

⑤本体绕组温度高：动作后果为报警；

⑥本体压力释放：动作后果为报警；

⑦压力突变：动作后果为报警。

2. 110 kV 站用电保护

德阳换流站 110/10 kV 站用变压器容量为 5 MVA。电气主保护采用 RCS-9671C 变压器差动保护装置，为单套配置；后备保护采用 RCS-9681C 变压器后备保护装置，分别为高低后备保护；本体保护采用 RCS-9661C 变压器非电量保护装置，为单套配置。

1）变压器差动保护

110/10 kV 站用变压器电气主保护采用 RCS-9671C 变压器差动保护装置，单套配置，110/10 kV 站用变压器差动保护配置如图 4-3 所示。

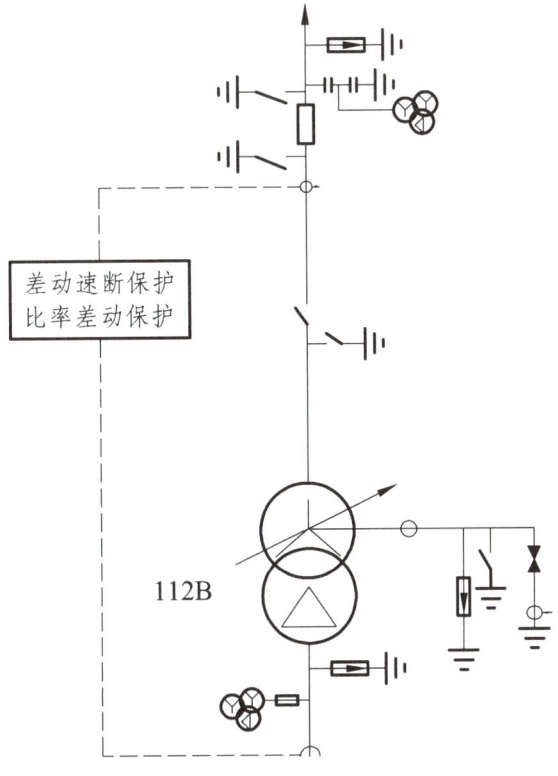

图 4-3 110/10kV 站用变压器差动保护配置

110/10 kV 站用变压器电气主保护包括：差动速断保护、比率差动保护。

2）变压器后备保护

110/10 kV 站用变压器电气后备保护采用 RCS-9681C 变压器后备保护装置，高、低后备各一套，110/10 kV 站用变压器后备保护配置如图 4-4 所示。

（1）110/10 kV 站用变压器高后备保护。

110/10 kV 站用变压器高后备保护包括：过流保护、零序过流保护、零序过压保护、间隙零序过流保护、过负荷发信号、过载闭锁有载调压。

① 过流保护：过流保护Ⅱ段至Ⅴ段经复合电压闭锁，投入过流保护经其他侧复压闭锁，复合电压闭锁过流保护Ⅰ段未采用；复合电压闭锁过流保护Ⅱ段跳本侧断路器；复合电压闭锁过流保护Ⅲ段至Ⅴ段跳两侧断路器；过流Ⅵ段跳两侧断路器。

② 零序过流保护：零序过流Ⅲ段投入，跳两侧断路器。

③ 零序过压保护：零序过压第Ⅱ时限投入，跳两侧断路器。

④ 间隙零序过流保护：间隙零序过流跳两侧断路器。

⑤ 过负荷告警。

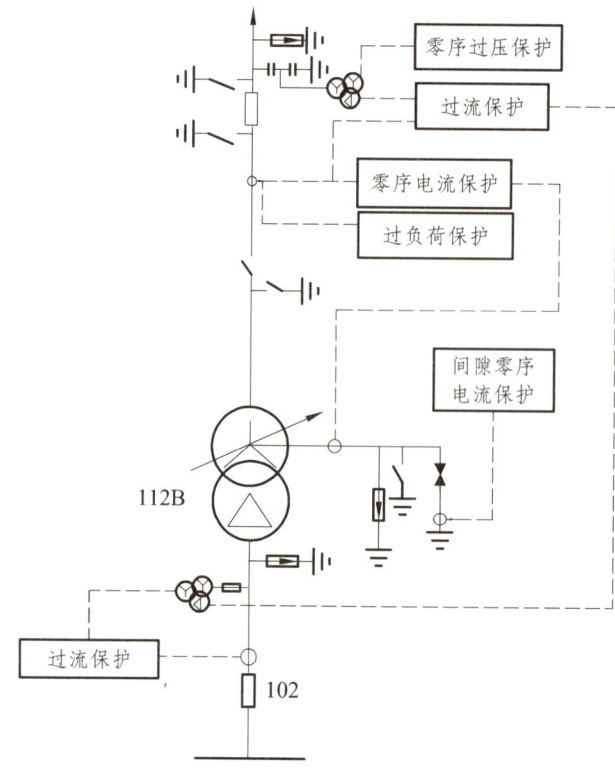

图 4-4　110/10 kV 站用变压器后备保护配置

（2）110/10 kV 站用变压器低后备保护。

10 kV 后备保护为过流保护：过流保护Ⅱ段至Ⅴ段经复合电压闭锁，复合电压闭锁过流保护Ⅰ段未采用，复合电压闭锁过流保护Ⅱ段跳本侧断路器，复合电压闭锁过流保护Ⅲ段至Ⅴ段跳两侧断路器，过流Ⅵ段跳两侧断路器。

3）110/10 kV 站用变压器非电量保护

110/10kV 站用变压器非电量保护采用 RCS-9661C 变压器非电量保护装置，单套配置。

110/10kV 站用变压器非电量保护如下：

① 本体重瓦斯：动作后果为跳闸；

② 有载重瓦斯：动作后果为跳闸；

③ 本体轻瓦斯：动作后果为报警；

④ 本体油位异常：动作后果为报警；

⑤ 本体油温高：动作后果为报警；

⑥ 本体绕组温度高：动作后果为报警；

⑦ 本体压力释放：动作后果为报警；

⑧ 有载油位异常：动作后果为报警；

⑨ 有载故障：动作后果为报警。

3. 35kV 站用电保护

德阳换流站 35/10 kV 站用变压器容量为 5 MVA，变压器保护均采用南瑞继保保护装置，保护站用变压器的内部短路和接地故障，保护配置和 110 kV 站用变压器完全一样。

4. 10 kV 站用电保护

10/0.4 kV 站用变保护采用 Sepam 80 系列保护装置，同时每个 10 kV 开关柜均配置有一台 Sepam 80 保护装置用于开关保护。

（1）10 kV 站用变压器保护

10 kV 站用变压器保护装置 Sepam 80 直接从变压器高、低压侧、高、低压侧中性点 CT 取量用于保护，电压量则直接从开关柜顶部小母线 10 kV 母线 PT 取量。

10 kV 站用变压器配置了差动保护、相过流保护、过电压保护、零序过流保护。差动保护作主保护用于检查变压器内部故障，跳 10 kV 和 400 V 侧断路器；其他保护作为后备保护，用于检测变压器内部、400 V 侧的各种短路及接地故障。

（2）10kV 开关保护

10 kV 开关柜配置了独立的保护，保护功能只配置有过流保护。

4.2 直流控制系统

4.2.1 直流控制系统分层

直流输电控制系统一般设有六个层次等级，从高层次等级至低层次等级分别为：系统控制级、双极控制级、极控制级、换流器控制级、单独控制级和换流阀控制级。当每极只有一个换流单元时，为简化结构，极控制和换流器控制可以合并为一个级；当只有一回双极线路时，通常系统控制和双极控制合并为一级。在直流系统各换流站中，需指定其中的一个站为主控站，其他为从控站。系统控制级和双极控制级设置在主控制站中，它通过通信系统发出控制指令，协调各换流站的运行。

1. 换流阀控制级

换流阀控制级是对各个阀分别设置的等级最低的控制层次，由低电位控制单元（通常称为

VBE）和高电位控制单元（通常称为 TE）两个部分构成，主要功能为：① 将处于低电位的换流器控制级送来的阀触发信号进行变换处理。经电光隔离（或磁）耦合或光缆送到高电位单元，再变换为电触发脉冲，经功率放大后分别加到各晶闸管元件的控制级；当采用光直接触发的晶闸管换流阀时，由低电位光缆直接送到高电位后无需再转换为电信号，直接触发晶闸管阀，从而简化了换流阀的触发系统，大大减少了其电子元件数量，对于降低维护要求和提高可靠性均有好处。② 晶闸管元件和组件的状态监测。包括阀电流过零点、高电位控制单元中直流电源的监视，监测信号经电隔离或光缆传送到低电位控制单元，经处理后进行控制、显示、报警等（这部分设备通常称为 TM）。

2. 单独控制级

换流站中除换流器外，其他各项设备分别设置的自动控制、操作控制和状态监测，与换流阀控制级同属于最低层次的控制级别。单独控制功能包括：换流变压器分接开关切换控制，换流阀冷却及辅助系统的控制和监测，直流和交流开关场各断路器、隔离开关的操作和状态监视，直流滤波器组的投切操作和监测，交流滤波器组和无功补偿设备的投切操作、自动控制和状态监测等。

3. 换流器控制级

换流器控制级是控制直流输电一个换流单元的控制层次，用于控制换流器的触发相位，主要控制功能有：换流器触发相位控制，定电流控制，定关断角控制，直流电压控制，触发角、直流电压、直流电流最大值和最小值限制控制以及换流单元闭锁和解锁顺序控制等。

4. 极控制级

极控制级为控制直流输电一个极的控制层次，双极直流输电系统要求一极故障时，另一极能够单独运行，并能完成主要的控制任务，因此要求两极各自的极控制级完全独立并设置尽可能多的控制功能，主控制站的极控制级还担负协调从控制站同一极的极控制级工作的任务。极控制级的主要功能有：① 经计算向换流器控制级提供电流整定值，控制直流输电的电流。主控制站的电流整定值由功率控制单元给定或人工设置，并通过通信设备传送到从控制站。② 直流输电功率控制：其任务是根据功率整定值和实际直流电压值决定出直流电流整定值，功率整定值由双极控制级给定，也可由人工设置，功率控制单元设置在主控制站内。③ 极起动和停运控制。④ 故障处理控制，包括移相停运和自动再起动控制、低压限流控制等。⑤ 各换流站同一极之间的远动和通信，包括电流整定值和其他连续控制信息的传输、交直流设备运行状态信息和测量值的传输等。

5. 双极控制级

双极控制级为双极直流输电系统中同时控制两个极的控制层次，它用指令形式协调控制双极的运行，主要功能有：① 根据系统控制级给定的功率指令，决定双极的功率定值。② 功率传输方向的控制。③ 两极电流平衡控制。④ 换流站无功功率和交流母线电压控制等。

6. 系统控制级

系统控制级为直流输电控制系统中级别最高的控制层次，主要功能包括：① 与电力系统调度中心通信联系，接受调度中心的控制指令，向调度中心输送有关的运行信息。② 根据调度中心的输电功率指令，分配各直流回路的输电功率，当某一直流回路故障时，将少送的输电功率转移到正常的线路，尽可能保持原来的输电功率。③ 紧急功率支援控制。④ 潮流反转控制。⑤ 各种调制控制，包括电流调制和功率调制控制，用于阻尼交流系统振荡的阻尼控制，交流系统频率或功率/频率控制等。

4.2.2 基本控制策略

直流输电系统的控制调节，是通过改变线路两端换流器的触发角来实现的，它能执行快速和多种方式的调节，不仅能保证直流输电的各种输送方式，完善输电系统本身的运行特性，而且还可以改善两端交流系统的运行性能。因此，直流输电的控制调节对整个交流系统的安全和经济运行起着重要的作用。

一个由 6 脉动换流器组成的两端单极直流输电系统，从直流侧看每端可以等效为一个直流电压源，其整流侧电压可表示为公式（4-3）：

$$U_{dz} = 1.35 E_z \cos\alpha - \frac{3}{\pi} X_{rz} I_d \tag{4-3}$$

逆变侧电压可表示为公式（4-4）或（4-5）：

$$U_{dn} = 1.35 E_n \cos\beta + \frac{3}{\pi} X_m I_d \tag{4-4}$$

或

$$U_{dz} = 1.35 E_z - \frac{3}{\pi} X_{rz} I_d \tag{4-5}$$

式中，α、β、γ 分别为滞后触发角、超前触发角和关断角；E_z、E_n 分别为整流侧和逆变侧换流变压器侧空载线电压有效值；X_{rz}、X_m 分别为整流侧和逆变侧等值换相电抗，它们值的 $3/\pi$ 倍可以看作是电压源的内阻值。对于 12 脉动换流器组成的单极系统，直流电压是以上各式得出值的 2 倍。

直流线路流过的电流等于线路两端的电位差除以线路电阻，即表示为公式（4-6）或（4-7）

$$I_d = 1.35(E_z \cos\alpha - E_n \cos\beta)/[R + 3/\pi(X_{rz} + X_m)] \tag{4-6}$$

或

$$I_d = 1.35(E_z \cos\alpha - E_n \cos\gamma)/[R + 3/\pi(X_{rz} + X_m)] \tag{4-7}$$

式中，R 为直流线路等值电阻，对于不同的直流接线方式，R 值不同。因此，可以作出直流系统的等值电路图（图 4-5）。

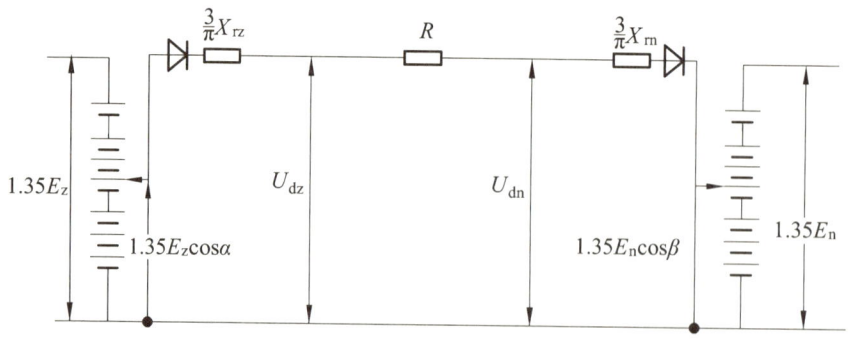

图 4-5 直流系统等值电路图

由上式可以看出，换流器的触发角以及交流电压的变化可以改变直流电压源的幅值；而在交流电压或直流电流变化时，也可改变触发角的大小来维持直流电压或电流不变。由于晶闸管单向导通的特性，直流回路的电流方向不能改变，但是可以通过改变电压的极性来改变直流功率输送方向。因此，改变直流电流的极性和幅值，可以改变线路输送的电流以及功率输送的方向和大小。

4.2.3 直流控制系统控制配置

4.2.3.1 换流器基本控制配置

1. 整流站基本控制配置

1）最小触发角 α_{min} 控制

晶闸管导通的条件：① 阳极和阴极间有正向电压。② 控制极上加有足够强度的触发脉冲。晶闸管阀的导通条件也一样，只不过晶闸管阀一般是由数十个至上百个晶闸管串联构成。如果在控制极加上触发脉冲的时刻，施加在它上面的正向电压太低，会导致各晶闸管导通的同时性变差，对阀的均压不利。最小触发角控制就是为解决这一问题而设计的，绝大多数直流输电工程采用的最小触发角都是 5°。

2）直流电流控制

直流电流控制，也叫定电流控制，是直流输电最基本的控制，可以控制直流输电的稳态运行电流，并通过它来控制直流输送功率以及实现各种直流功率的调制功能以改善交流系统的运行性能。同时当其他系统发生故障时，它又能快速限制暂态故障电流以保护晶闸管换流阀及换流站其他设备。因此，直流电流调节器的稳态和暂态性能是决定直流输电控制系统好坏的重要因素。

3）直流电压控制

直流电压控制也称定电压控制，按照电流裕度法原则，整流站不需要配备直流电压控制功能，但为了防止某些异常情况（如发生直流回路开路时出现过高的直流电压）下，通常整流站仍配备直流电压控制功能，主要目的是限制过电压，其电压整定值通常均略高于额定直流电压值（如1.05p.u.），当直流电压高于定值时，它将加大 α 角，起到限压的作用。

4）低压限流控制

低压限流特性的响应时间，直流电压下降方向通常取 5~10 ms，直流电压上升方向取 40~200 ms，个别工程达到 1 s。

5）直流功率控制

高压直流输电系统往往需要按预定计划输送功率，当两侧换流母线电压波动不大时，整流侧采用定电流控制，逆变侧采用定电压控制，便可近似得到定功率控制特性，但为了精确控制直流传输功率，通常采用的定功率控制方式是增加功率调节器，功率调节器不直接控制换流器触发脉冲相位，而是以直流电流调节器为基础，通过改变其电流定值的办法来实现功率调节。实际工程中，一般将运行人员整定的功率定值除以实测直流电压，获得为保证此功率定值所需要的直流电流定值。这样做既可以保持电流控制调节速度快，又可以抑制过电流。功率调节器通常控制整流站电流调节器的电流定值，以达到控制功率的目的，但功率调节器并非一定要装在整流站，它的装设地点往往随主导站而定，这样构成的控制系统是一个多闭环调节系统，为此必须适当选择各调节器的参数，以防止功率调节器与电流调节器之间相互干扰而产生振荡。

6）电流限制和 α 角限制

为保证换流器运行在容许范围内，控制系统还应当设置以下限制

（1）最大电流限制：如 2 h 过负荷能力限制、冬季过负荷能力限制、动态过负荷能力限制、直流降压运行负荷限制等。通常两端换流站各自计算出本站最大电流限制值并送往对站，选出其中较低值作为共同最大电流限制值，并保证在任何情况下两端最大电流限制值相等。

（2）最小电流限制：为使直流输电系统不致运行在过低的直流电流水平上，以避免直流电流发生断续而引发过电压之类的问题，应对最低运行电流值予以限制。直流输电系统正常运行所允许的最小直流电流应当大于所谓的"断续电流"，并考虑留有一定裕度，一般选为断续电流的 2 倍。通常取最小电流限制值为额定直流电流的 10%。

（3）整流站最小 α 限制：当整流站发生交流系统故障时，为降低故障对直流输送功率的影响，最小 α 限制将 α 角快速降低到允许的最小值，当故障消失，交流电压恢复后，如果 α 很小，直流电流会很大，为防止这种情况发生，在日常直流工程中配备了整流站最小 α 限制功能。当检测到

单相故障或三相故障时，最小α限制将根据故障类型的不同输出不同的α限制值。故障消除后，该限制值以一定的速度降为零。

2. 逆变站基本控制配置

1）定关断角（定γ角）控制

当换流器作逆变运行时，从被换相的阀电流过零算起，到该阀重新被加上正相电压为止这段时间所对应的电角度，称之为关断角。如果关断角太小，以致晶闸管阀来不及完全恢复其正向阻断能力，又重新被加上正向电压，它会自行重新导通，于是发生倒换相过程，使应该导通的阀关断，该关断的阀继续导通，这种现象称为换相失败。

逆变器偶尔发生单次换相失败，往往会自行恢复正常换相，对直流输电系统运行影响不大。若连续发生换相失败，则会严重扰乱直流功率传输，必须予以避免。因此，从保证逆变器安全运行的观点来看，逆变器关断角应保持一个较大的角度。

2）直流电流控制

根据电流裕度控制原则，逆变器也需装设电流调节器，不过逆变器定电流调节器整定值比整流器小，因而在正常工况下，逆变器定电流调节器不参与工作。只有当整流侧直流电压大幅度降低或逆变侧直流电压大幅上升时，才发生控制模式转变，变为由整流器最小触发角控制起作用以控制直流电压，逆变器定电流控制起作用以控制直流电流，同时还应配备自动电流裕度补偿功能，来弥补与电流裕度定值相等的电流下降，以尽量减少直流输送功率的降低。

3）直流电压控制

逆变站采用定直流电压控制与定关断角控制相比，更有利于受端交流系统的电压稳定，但另一方面，当采用定电压控制时由于在增大直流电压方向上往往需要留有一定的调节裕量，因而在额定工况下，这种控制方式保持的关断角比定关断角控制时要大，逆变器吸收的无功功率要多些，设备利用率也要低一些。

4）低压限流控制

为了和整流侧低压限流控制的特性配合，保持电流裕度，逆变侧也需要设置低压限流控制，且其电压定值、电流定值、时间常数都必须与整流站密切配合。低压限流控制的直流电压动作值，按葛南和天广工程经验，逆变站取 0.35~0.75p.u.；直流电流定值，逆变侧通常取 0.1~0.3p.u.，个别工程取 0。

5）最大触发角限制

为防止某些异常情况下，因调节器超调导致逆变器触发角α太大，造成逆变器关断角太小引起换相失败故障，逆变器还需设置最大触发角限制，通常在150°~160°。

4.2.3.2 换流变分接头控制

1. 手动控制

运行人员可以手动控制有载调压开关，有载调压开关的手动控制应看作是后备方式，用于自动方式不能采用时。但是，应避免在直流功率传输期间采用手动控制有载调压开关，因为在功率传输的过程中，抽头控制用于控制阀侧空载电压。

2. 自动控制

1）空载控制

在换流器闭锁或在开线试验时选择空载控制，空载控制预选范围内设置有载调压开关，如果变压器失电（交流开关分开），有载调压开关将移到最低位置，此时 U_{dio} 为最低值。如果换流变上电并且不在开线试验状态，有载调压开关将根据最小电流值要求建立 U_{dio} 值，在线路开路试验时，换流变抽头的空载控制根据开线试验需要的直流电压等级控制 U_{dio} 为参考值。

2）U_{dio} 控制

换流变分接头控制器根据实际的换流变抽头位置和换流变交流侧电压计算换流变阀侧空载电压，将计算得到的换流变阀侧空载电压与设计的参考值进行比较，得到电压误差，换流变抽头控制器根据得到的电压误差来产生升/降换流变抽头的命令。当电压误差大于 0.01p.u. 时，发出降抽头的命令；当电压误差小于 – 0.01 p.u. 时，发出升抽头的命令。执行抽头升降指令的时候有一定的延时，以避免抽头在交、直流电压扰动时发生升降，计算得到的换流变阀侧电压具有上限。如果电压超过上限（1.02 p.u.），则自动发出降抽头的命令，如果计算得到的换流变阀侧电压达到 1.01 p.u. 时，则禁止任何升抽头的命令。

3）U_{dio} 限制

U_{dio} 限制的目的是防止设备由于稳态过电压而受到的应力，因此，U_{dio} 限制器优先于正常的有载调压开关控制，这确保 U_{dio} 不会超过 U_{dioL} 值，这通过有载调压开关控制换流变阀侧电压来实现，U_{dio} 限制有两个关联的限制：U_{dioG} 和 U_{dioL}。

U_{dio} 限制的运行范围：

（1）$U_{dioG} < U_{dio} < U_{dioL}$：对于 U_{dio} 高于 U_{dioG} 但低于 U_{dioL}，U_{dio} 限制器模块给有载调压开关一个指令增加换流变阀侧电压。

（2）$U_{dio} > U_{dioL}$：对于 U_{dio} 高于 U_{dioL}，U_{dio} 限制器模块给有载调压开关切换指令降低换流变阀侧电压。

U_{dioG} 选为有载调压开关控制功能指令的 U_{dio} 增加的上限值，U_{dioL} 选为避免有载调压开关摆动的足够高值，即不能跟随增加 U_{dio} 指令而降低，U_{dio} 限制功能在所有控制方式下有效，包括手动控制，这是有载调压开关控制最高优先级。

4）同步

假如同一极中几个变压器有载调压开关挡位之间存在差异，应产生报警信号至 SCADA 系统，同时自动将再同步功能恢复至有载调压开关之间的同步。

再同步功能仅在自动控制时有效，此功能将使有载调压开关尝试一次同步，如果不成功，此功能将给出一个报警并禁止下一步自动控制。在手动方式下选择单独步进，有载调压开关在切回自动方式前必须手动再同步。

4.2.3.3 无功功率控制

无功功率控制（RPC）的目的是控制与换流站相连的交流电网的特性，可控制的参数为交流母线电压或与交流系统交换的无功，RPC 可确定需要多少滤波器才可以防止过多的谐波进入交流系统。这些是通过滤波器的投切来实现的。

在 Q 控制模式中，RPC 投切滤波器/并联电容器组以保持与交流系统交换的无功在规定的设定值范围以内。如果无功的交换量超过了死区的限制，便会发出投切滤波器的命令，死区的大小与每组滤波器无功功率大小和交流系统的响应特性相配合。在电压控制中（U 控制），RPC 投切滤波器/并联电容器组来使交流电压保持在死区范围内的限定值上，可通过切除滤波器/并联电容器组来防止稳态过电压。

换流器无功功率控制（QPC）可通过改变触发/熄弧角来消耗过剩的无功功率，RPC 可监视谐波滤波特性，根据运行情况，把投入的滤波器数量和所需的最小数量相比较。为保证满足滤波要求，所需的滤波器数量根据运行方式和直流功率的大小决定。

RPC 能自动投切滤波器/并联电容器组，投切动作受以下功能控制。

（1）绝对最小滤波器：根据设备额定值应投入的滤波器；

（2）最大交流电压：交流母线稳态电压的监视；

（3）最大无功功率：限制投入的滤波器数量；

（4）最小滤波器：根据谐波滤波要求投入滤波器；

（5）无功功率控制/交流电压控制：将与交流系统交换的无功功率控制在参考值/将交流母线电压控制在参考值。

根据所选择的功能的优先级，RPC 可以根据子功能来配合投切操作，使投切操作符合投切逻辑，优先级 1 拥有最高优先权。

(1)优先级1:绝对最小滤波器;

(2)优先级2:最大交流电压;

(3)优先级3:最大无功功率;

(4)优先级4:最小滤波器;

(5)优先级5:无功功率控制或交流电压控制。

在一个优先级上的投切操作,其投切的后果不会与优先等级更高的投切操作发生冲突,交流电压控制和无功功率控制不能同时工作,控制模式应由运行人员选择。

1. 绝对最小滤波器

绝对最小滤波器功能通过投入适当数量的滤波器来保证设备的额定值得到满足,此功能也可防止其他控制功能为避免滤波器过负荷而切除滤波器,即使无功功率控制在手动模式下,绝对最小滤波器也可投入滤波器。在极启动时,它能投入第一组滤波器。如果绝对最小滤波器要求没有满足,RPC将在预定时间后降功率,根据固定的功率表,绝对最小滤波器的额定数量可预先计算出来,且在RPC中进行编程。

2. 最大交流电压

最大交流电压监视交流母线稳态电压,如果电压在一定时间内超出了最大限值,无功功率控制在满足绝对最小滤波器组数的前提下,将通过连续切除滤波器来阻止电压的继续升高。通过切除滤波器,RPC便可以在保护允许的范围里保持稳态交流电压,以防止过压保护动作。如果多投入一组滤波器就将使电压超过最大限值,最大交流电压控制功能可阻止投入更多的滤波器。

3. 最大无功功率

通过监测运行情况,最大无功功率功能限制了系统中投入的滤波器/并联电容器的数量。当运行情况发生变化时,RPC可限制无功功率,防止电压升高。

4. 最小滤波器

根据下面各因素,无功功率控制可决定投入滤波器的最小数量和类型,以满足谐波滤波器特性需要:直流传输功率的大小,站运行模式(整流/逆变),解锁极的数量,直流电压大小,正常或降压。

如果已投入的滤波器仍不能满足滤波的要求,此功能将下令投入更多的滤波器,直到满足滤波的要求。当最小滤波器要求没有满足时,运行人员会接到报警,但不会有进一步的动作,最小滤波器控制不能切除滤波器,只能作为较低优先级切除命令的允许信号。

5. 无功功率控制或交流电压控制

无功功率控制模式用于控制与交流电网的无功功率交换，交换量应该尽可能接近预设的目标值，在目标值的周围应设定一个适当的死区，死区的范围要大于最大一组滤波器容量的一半，这样可以防止产生振荡现象以及由此引起的滤波器频繁投切。

运行人员可以选择无功功率控制或电压控制，运行人员要手动设置与交流电网无功功率交换的参考值，也可以设置无功功率控制的参考值和死区大小。死区是一个范围值，即表示死区范围的上下限设置为参考值上下的值。如果参考值是 50 MVar，死区设定为 100 MVar，即表示当无功功率交换超过 +150 MVar 时，RPC 切除一台滤波器，低于 −50 MVar 时，投入一台滤波器。

4.3 直流保护系统

4.3.1 直流保护分类

按保护所针对的情况，配置的保护分为以下几类。

第一类：针对故障的保护，如阀短路保护、极母线保护。

第二类：针对过应力的保护，如过压、过载。

第三类：针对器件损坏的保护，如电容器不平衡保护、转换开关保护。

第四类：其他，如功率振荡等。

针对不同类型的保护，采用不同的配置原则，来满足保护的安全性。对于第一类保护，其保护区应尽量配置两种不同原理的保护，互为后备。双套配置后，正常运行时保护区内存在双套主保护、双套后备保护。

对于第二、三、四类保护，至少配置一种原理的保护。双套配置后，正常运行时保护区内至少存在双套保护。

4.3.2 保护配置的基本原则

直流保护配置应满足以下原则：

（1）保护的配置应该能够检测到所有可能的，致使设备处于危险情况的，以及对于系统运行来说不可以接受的故障和异常运行情况。故障的设备会被切除，或者通过控制的方法减轻对设备的危害程度。

（2）直流保护应为多重化配置，并有很强的自检功能，所有可能的故障必须在两台保护装置的保护范围内。

（3）必须采取措施以避免一侧换流器故障时引起另一侧换流器的保护动作，保护尽量不依赖于两端换流站之间的通信。

（4）保护的区域要重叠，对于每种故障，要有一个范围确定的快速保护作为主保护，一个范围扩大的慢速保护，或是降低灵敏度的保护作为后备保护。如果可能，主后备保护最好采用不同的原理。

（5）保护的时序和配合应该尽量避免双极停运的情况发生。

（6）每套冗余保护的输入、电源等装置应该是完全分开的、独立的。

（7）跳闸回路应为双跳圈、双操作电源（独立的）。

（8）保护的配置应该考虑到试验和维护时不会影响到系统的运行，便于保护的投入与退出。

（9）直流保护系统应具有很强的抗电磁干扰和谐波干扰的性能。

（10）双极系统中两个单极的保护必须完全独立，各极的设备、保护装置、测量元件、保护的操作独立。

（11）各极应该单独配置一套关于双极部分的保护，并有自己的测量回路。

（12）本极的关于极或双极部分的保护无权跳开另外的极。

（13）双极部分的故障引起保护动作，不应立即停运双极。

（14）仅双极站内直接接地运行方式时，某一极的故障必须停运双极，以避免较大的电流流过站接地网。

4.4 直流控制和保护系统工程实现

4.4.1 直流控制保护系统总体结构

换流站直流控制保护系统总体上如图4-6分为以下几个子系统：

（1）换流站运行人员控制系统，主要包括站LAN网、运行人员工作站、事件记录工作站、工程师工作站、站长工作站、培训工作站、服务器、MIS接口等。

（2）直流站控系统和交流站控系统，该部分主要包括站控系统的主机、分布式现场总线和分布式I/O等设备。

（3）直流控制（极控）系统，该部分主要包括每个极的极控系统的主机、分布式现场总线和分布式I/O等设备。

（4）直流系统保护，该部分主要包括极保护、换流变保护、交流滤波器保护、直流滤波器保护等。

（5）与远方控制中心的接口子系统，包括远动工作站与远方控制中心的接口。该部分主要包括与一次测量设备的接口，与 VBE/TM 阀控制系统的接口，与换流站一次设备的就地控制系统的接口（换流变、开关、隔刀/地刀等），与站内其他二次系统的接口，与辅助系统的接口和与交流保护的接口。

交直流站控系统负责执行交/直流设备的投切、启停、运行方式转换、状态监视、测量、在线谐波监视等功能，主要包括：站控系统的主机、分布式现场总线和分布式 I/O 等设备。系统主机用于完成对站内设备的控制和监视功能；分布式 I/O 接口完成与交、直流一次设备间的接口连接，以及与换流站各个辅助系统之间的监控接口连接；现场总线系统实现现场 I/O 与站控系统主机之间的数据传输和信号交换。

直流极控制系统是换流站控制系统的核心，主要功能是通过对整流侧和逆变侧触发角的调节，实现系统要求的输送功率或输送电流。该部分主要包括每个极的极控系统的主机、分布式现场总线和分布式 I/O 等设备。极控主机完成换流器触发控制、换流变压器有接头控制、极功率控制、无功功率控制、直流顺序控制、联锁、直流调制、过负荷控制、空载加压试验控制、站间通信等功能；分布式 I/O 的接口主要包括：换流变压器、直流场、直流场双极、平波电抗器、水冷、阀等设备的接口。

直流保护系统，主要包括：极保护（换流器保护、直流场保护、直流线路保护、接地极引线保护）、换流变压器保护、直流滤波器保护、交流滤波器保护等。

4.4.2 直流控制系统功能

直流极控制系统，是换流站控制系统的核心，主要功能是通过对整流侧和逆变侧触发角的调节，以实现系统要求的输送功率或输送电流。该部分主要包括每个极的极控系统的主机和分布式 I/O 系统。

极控系统包含的控制功能模块：

（1）极功率控制/电流控制 PPC。

（2）过负荷限制 OLL。

（3）功率调制 MODS。

（4）换流器触发控制 CFC。

（5）控制脉冲发生单元 CPG。

（6）无功功率控制 RPC。

（7）开关顺序控制 SSQ。

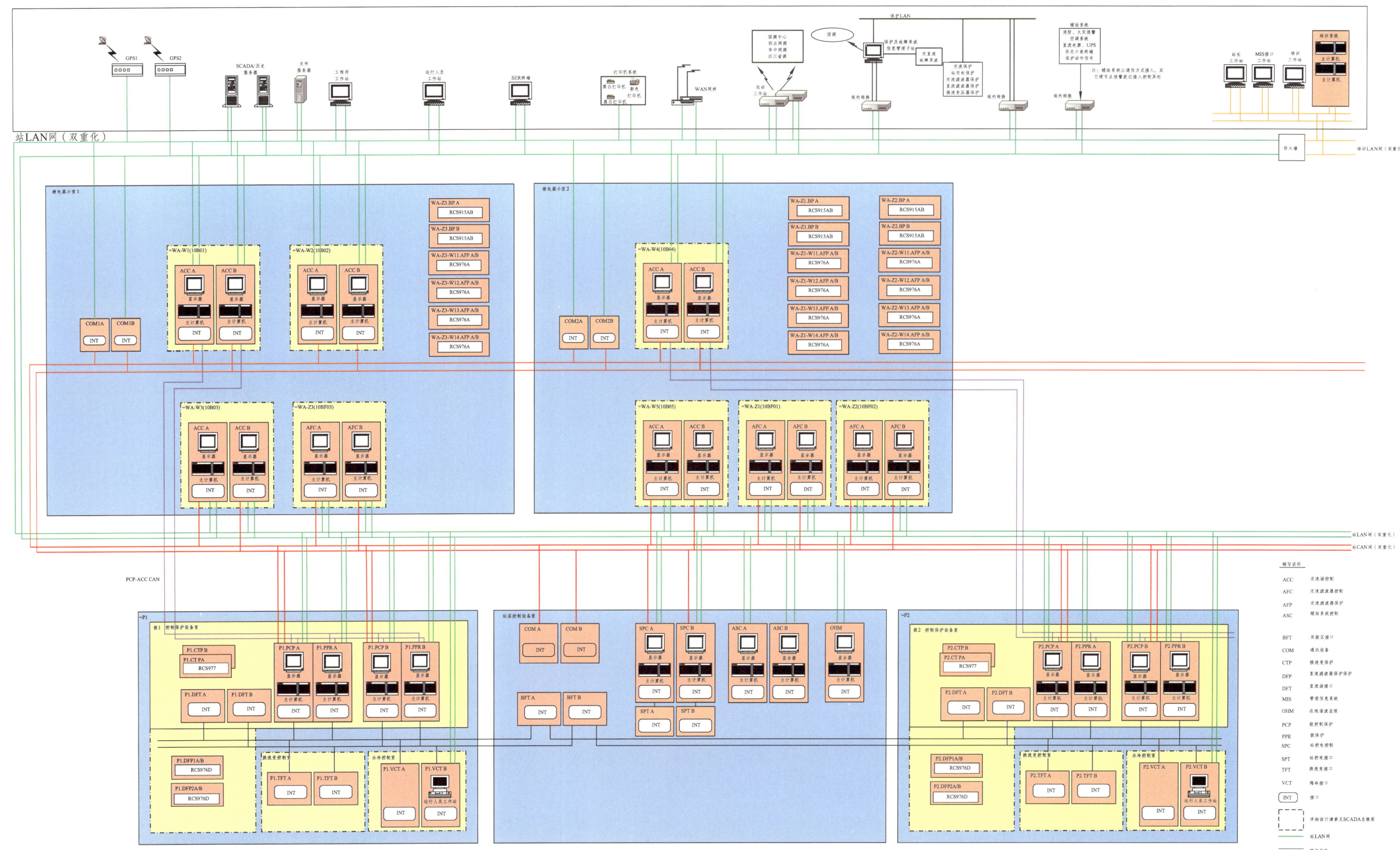

图4-6 直流控制保护结构图

（8）模式顺序控制 MSQ。

（9）准备顺序控制 RSQ。

（10）电压角度参考值计算 VARC。

（11）换流变压器分接头控制 TCC。

（12）线路开路试验控制 OLT。

（13）站间通信 TCOM。

4.4.2.1 无功控制 RPC

1. 控制目标

（1）满足换流器消耗无功需要，使直流系统与交流系统交换的无功为设定值。

（2）满足谐波滤波需要，使直流系统注入交流的谐波达到允许范围。

（3）控制交流电压在设定值。

2. 无功控制模式

（1）无功控制投入。

（2）手动无功控制模式。

（3）自动无功控制模式。

（4）无功控制退出。

3. 无功控制滤波器投切优先级

无功控制滤波器投切优先级从高到低。

（1）绝对最小滤波器：为了防止滤波设备过负荷所需要投入的最小滤波器组数，在任何情况下必须满足。

（2）最高/最低电压限制：监视交流母线的稳态电压，避免稳态过电压引起的保护动作。

（3）最大无功交换限制：根据当前运行状况，限制投入滤波器组的数量，限制稳态过电压。

（4）最小滤波器容量要求：为满足滤除谐波的需要需投入的最小滤波器组。

（5）无功交换控制/电压控制：控制换流站与交流系统交换的无功量为设定参考值/控制换流站交流母线电压为设定参考值

4. 无功控制辅助功能（可选择是否投入）

（1）QPC 功能：通过增大点火角/熄弧角来增大换流站对无功的消耗，避免换流站与交流系统的无功交换量超越限值。

（2）Gamma kick 功能：通过在投/切滤波器组的瞬时增大/减小 α 角使得电压瞬时变化率增大/减小 α/γ 角，使得电压瞬时变化率减小。

4.4.2.2 顺序控制与联锁（SSQ、MSQ、RSQ）

1. 控制目标

（1）实现直流系统的平稳启动和停运。
（2）实现直流系统各运行状态之间的平稳转换。
（3）实现安全可靠地操作断路器、隔离开关和接地。
（4）实现安全可靠的控制模式或运行方式转换。

2. 顺序控制主要内容

极顺序控制：极顺序主要处理极一层的顺序操作，主要包括模式转换，两站间的启停协调等，具体包括如下几种功能：

（1）极连接/隔离。
（2）极起动/停运。
（3）功率/电流模式控制。
（4）正常/反向功率方向。
（5）正常/降低直流电压。
（6）连接/隔离直流滤波器。
（7）空载加压试验。
（8）极隔离并接地/极不接地。
（9）阀厅钥匙联锁。
（10）阀厅接地刀闸顺序控制。
（11）准备充电顺序。
（12）准备运行顺序。
（13）闭锁顺序：处理极闭锁时的顺序操作以及保护性的闭锁。
（14）双极顺序：处理双极相关的顺序操作。
（15）主/从协调。
（16）大地/金属回线转换。

3. 极连接/隔离控制

极连接表示将极直流母线连接到直流线路，将极中性母线连接到接地极或者金属回线。极隔离表示将极从直流线路和接地极断开。极连接/隔离过程如图4-7、图4-8和图4-9所示。

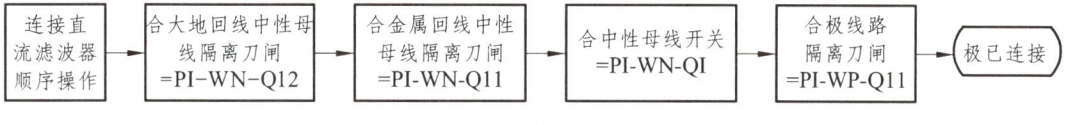

图4-7 极连接示意图

图4-8 极隔离示意图

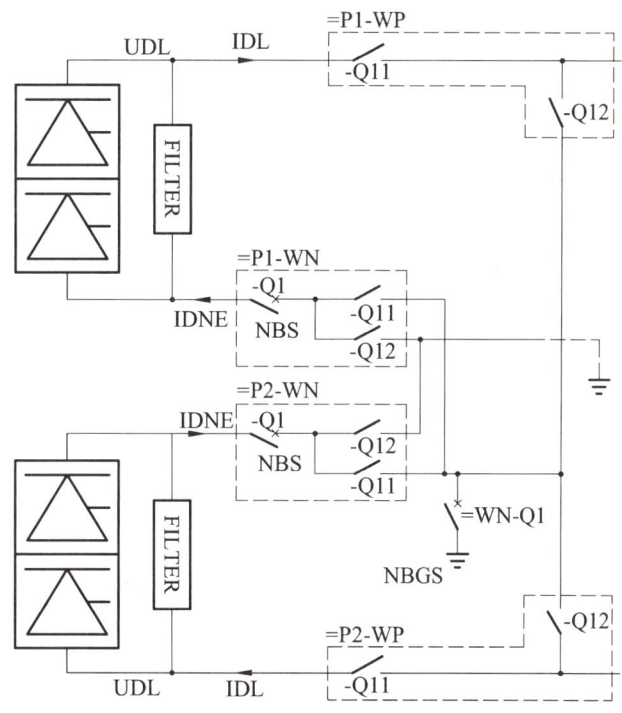

图4-9 极连接/隔离过程描述示意图

4.4.2.3 极启动/停运控制

极启动/停运顺序示意图如图4-10所示。

1. 极启动

界面上发出的功率定值和变化率等信息发送到程序中后,在功率定值上升到最小功率定值后启动。启动过程中两站自动进行协调,逆变侧先启动。

启动顺序:

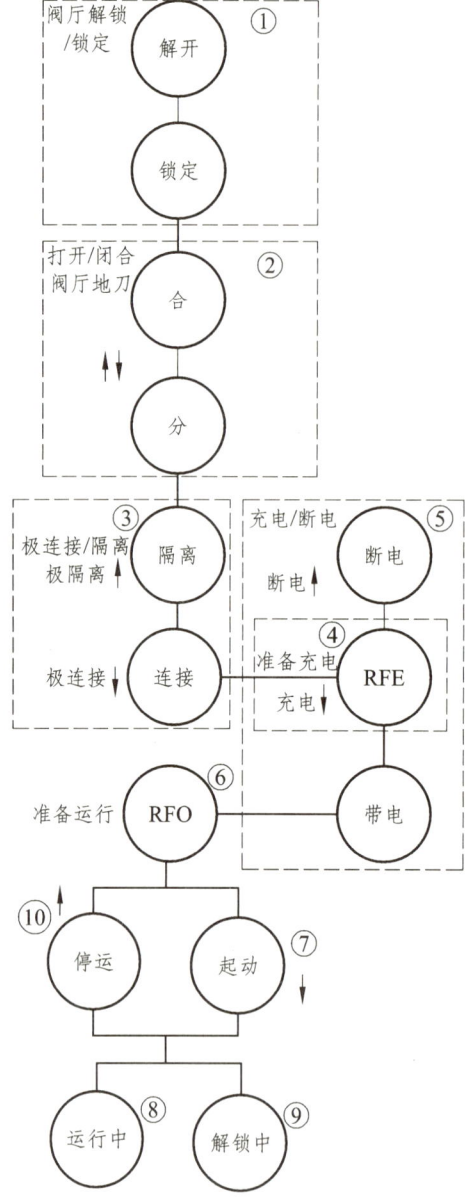

图 4-10 极启/停顺序示意图

（1）闭合阀厅门，把阀厅门钥匙放入锁定位置。

（2）打开阀厅地刀。

（3）将极连接到直流线路和极中性线，连接绝对最小直流滤波器。

（4）确认"RFE"（准备充电）的条件都得到满足。

（5）给换流变和极充电；

（6）确认"RFO"（准备运行）的条件都得到满足。

（7）起动极，根据联合或者独立控制模式的不同，启动过程会有所区别。

（8）如果本站解锁（独立控制下）或者两站都解锁（联合控制下），进入"运行中"状态。

（9）如果处于 OLT 模式，此时换流器处于 OLT 解锁状态。

2. 极停运

（1）正常停运（NOSOF）：直流系统退出到 RFO 状态，整流侧移相后闭锁，逆变侧投旁通对，等交流侧电流小于 0.05p.u. 后闭锁，任一侧闭锁时都向对侧发出闭锁的指令。

（2）紧急停运（ESOF）：直流系统退出到冷备用状态，停运时整流侧同时发出三个指令，跳换流变交流开关、闭锁对站和闭锁本侧。整流侧闭锁的顺序为移相至 150°，延时 20 ms 闭锁点火脉冲。逆变侧停运时向对站发出闭锁指令，同时投旁通对，等交流侧电流小于 0.05p.u. 时，延时 50 ms 再执行闭锁时序。

停运顺序：

① 停止极：根据联合或者独立控制模式的不同，停止过程会有所区别。

② 换流变压器断电。

③ 极隔离。

④ 闭合阀厅地刀。

3. 极启动控制

联合控制：联合控制下，如果两站都处于 RFO 状态，顺序控制会自动协调让逆变侧先解锁。如果没有交流滤波器投入，启动命令会首先向无功控制发出投交流滤波器命令。当滤波器投入后，换流器就会被解锁，随后产生解锁状态信号。当整流侧接收到逆变侧解锁信号后，整流侧会以和逆变侧同样的方式来解锁。

独立控制：独立控制下，两站都必须发出启动命令。为了避免极回路断开情况下启动，逆变侧必须在整流侧之前由运行人员手动先解锁。如果没有交流滤波器投入，起动命令会首先向无功控制发出投入交流滤器命令。当滤波器投入后，换流器就会被解锁，随后产生解锁状态信号。当逆变站解锁后，整流站再由运行人员手动解锁。

4. 极停运控制

联合控制：当功率/电流定值小于最小允许值时，停运被启动。两站间的协调由顺控程序自动完成。停运顺序保证始终先闭锁整流侧，再闭锁逆变侧。

独立控制：当功率/电流定值达到最小允许值，两站均可以由运行人员手动发出闭锁指令，两站运行人员必须通过电话来保持联系相互协调，确保整流侧先于逆变侧闭锁。

4.4.2.4 电流／功率模式控制

直流控制系统具有功率控制和电流控制两种基本控制模式，功率／电流模式控制系统的主要目的是在交流和直流扰动下仍保持本极直流输送功率或直流电流恒定。功率控制以运行人员或自动功率曲线整定的功率参考值为目标。电流控制以运行人员整定的电流参考值为目标。

换流站运行在以下基本控制模式：

（1）双极功率控制模式。

（2）单极功率控制模式。

（3）单极电流控制模式。

1. 双极功率控制

（1）双极功率控制是直流双极运行时的基本控制模式，双极功率控制功能分配到每一极实现，任一极都可以设置为双极功率控制模式。

（2）如果两个极都处于双极功率控制模式下，双极功率控制功能为每个极分配相同的电流参考值，以使接地极电流最小。

（3）在极功率控制模式下，该极的传输功率保持在按极设置的功率参考值，不受双极功率参考值的影响。

（4）如果两个极的运行电压相等，则每个极的传输功率是相等的。如果一极处于降压运行状态而另外一极是全压运行，则两个极的传输功率比和两个极的电压比一致，除非一极电流受到限制。

（5）如果其中一个极退出双极控制模式，则该极的传输功率可以单独改变，整定的双极传输功率由处于双极功率控制状态的另一极来维持（在这种情况下接地电流是不平衡的）。双极功率控制极的功率参考值等于双极功率参考值和独立运行极实际传输功率的差值。

（6）如果一个极是独立运行，另一极是双极功率控制运行，则双极应该补偿独立运行极的功率损失。

双极功率控制有手动模式和自动模式两种，主站运行人员可以起动功率输送方向的转换，在联合和独立控制下都可以改变功率方向。

联合控制方式下，顺序操作过程如下：

① 主站发出新的功率方向的请求。

② 主站运行人员输入新的功率定值和升降速率。

③ 顺序控制程序自动降低功率／电流到零，电流降低到零后，确保两站的安全闭锁，等待一定的放电时间，然后改变功率方向，再解锁两站，提升功率／电流到指定值。

独立控制下，功率反向命令只会影响本站，因此，两站都必须发出功率反向命令，且必须由运行人员来完成两站间的协调。

主站控制针对整个 HVDC 的命令，即除了自身的命令外，还需要自动在两站中进行协调的命令，从站仅仅控制只针对本站的命令。

4.4.2.5 功率/电流控制 PPC

1. 基本控制策略

正常工况下，整流侧通过快速调节 α 角来保持直流电流恒定；逆变侧为 γ 角控制。与快速控制相配合的换流变抽头的慢速控制策略为：正常工况下，整流侧抽头控制 α 角为 15°±2.5°，逆变侧抽头控制 U_{dio} 为 1±(1.25%)p.u.。当逆变侧控制电流时，逆变侧的抽头用于维持熄弧角 γ 为 17°±2.5° 的参考值。控制系统中具有过电压限幅环节对过高的直流电压进行限幅，避免直流设备承受过应力而损坏。

2. PPC 功能

PPC 功能图如图 4-11 所示，自动电流裕度补偿原理为：正常运行时，整流侧定电流，逆变侧定电压。当逆变侧进入定电流控制，整流侧需要补偿与电流裕度值相等大小的电流，自动补偿功能在 0.5 s 之内完成对电流指令下降的补偿，自动电流裕度补偿功能可以被切除。

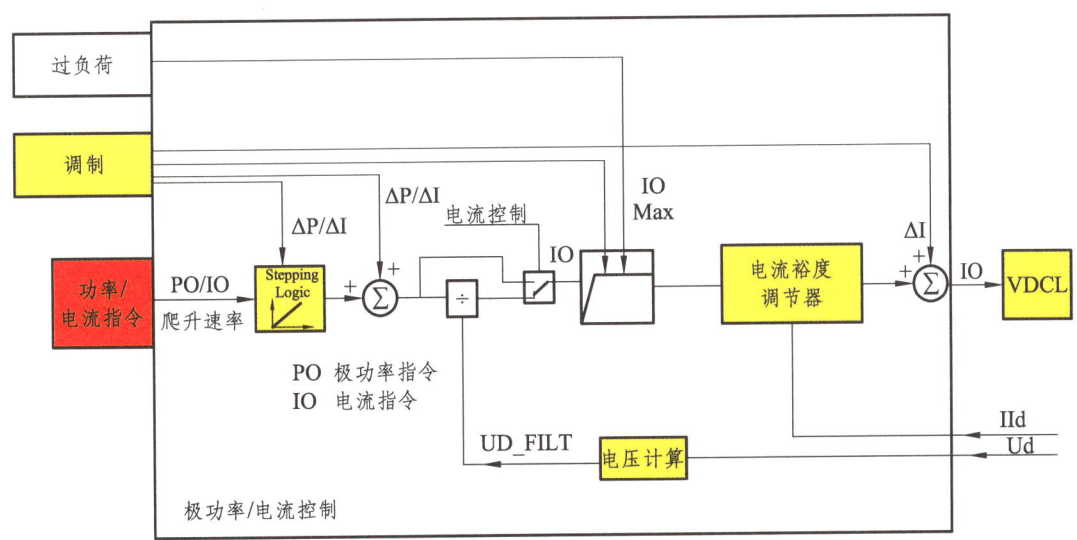

图 4-11 PPC 功能概况图

直流电压计算环节：定功率控制中需检测直流电压，经调制后的功率指令除以直流电压得到电流指令；电压计算环节对测量到的直流电压进行处理，使得交流系统扰动时，用于电流指令计算的直流电压值保持不变；电压计算环节在极启动时也对直流电压进行处理，以实现在直流电压较低时获得平稳的电流指令，便于启动；直流控制中的直流电压采用两个极母线上的直流电压相减。

最小电流限制：无论是功率控制还是电流控制，直流电流都不得小于一个最小值（通常为额定电流的 10%），以防直流电流断续。

4.4.2.6 过负荷限制 OLL

过负荷限制 OLL 功能用于在不同情况下对功率进行限制，以保护相关设备，软件模块涉及以下几种限制逻辑：

（1）长期过负荷：长期过负荷即系统固有过负荷能力，与环境温度、阀厅温度、阀和换流变压器冗余冷却是否可用有关，设计环温（40℃）内，冗余冷却可用的情况下，具有 3 s，1.5 倍过负荷能力，以及 2 h，1.1 倍过负荷能力。

（2）短时过负荷：不同的环境温度下，具有不同的短时过负荷能力。阀冷却与换流变压器冷却的冗余系统可用/不可用的情况下，具有不同的短时过负荷能力，根据当前过负荷电流值的不同，具有不同的过负荷运行允许时间，根据当前累积过负荷运行时间的不同，具有不同的短时过负荷能力。

4.4.2.7 调制控制 MODS

调制控制 MODS 软件模块涉及以下几种逻辑。

（1）功率提升：在逆变侧损失发电功率或整流侧甩负荷故障时起作用，提供 5 个功率级别的功率提升，每轮功率提升定值可设定，功率提升速率可设定，功率提升指令由安稳装置提供。

（2）功率回降：在整流侧交流系统损失发电功率或逆变侧交流系统甩负荷的情况下起作用，提供 5 个功率级别的功率回降，每轮功率回降定值可设定，功率回降指令由安稳装置提供。

（3）频率控制：以本站的实测频率与额定值之差作为控制器输入，调制效果是有功功率的紧急支援以及调整。

4.4.2.8 换流变分接头控制 TCC

1. 手动控制

对单相换流变抽头调节或对所有换流变抽头的同步调节；具有最大换流变阀侧理想空载直流电压 U_{dio} 的限制。

2. 自动控制

空载控制：用于换流阀处于闭锁状态和空载加压试验的情况；换流变失电（交流断路器断开），换流变抽头调移至最低挡；换流变正常带电进入 RFO，根据需要的 U_{dio} 调节抽头到合适挡位；空载加压试验状态，根据需要的 U_{dio} 的调节抽头到合适挡位。

（1）定 α 角控制：正常工况下，整流侧控制 α 角在 15±2.5°。

（2）定 U_{dio} 的控制：正常工况下，逆变侧的抽头控制用于维持换流变阀侧的理想空载直流电压（U_{dio}）恒定。

（3）定 γ 角控制：逆变侧控制直流电流时，逆变侧的抽头用来维持熄弧角 α 在预期的 17±2.5° 范围内。

4.4.2.9 触发器控制 CFC

作用：对两侧的 12 脉动阀组进行控制，两侧阀组均可作为整流侧和逆变侧运行。具有低压限流环节（VDCL），由三个基本控制器组成：闭环电流调节器、电压调节器、γ 控制器。

1. 低压限流

在直流电压降低时对直流电流指令进行限制，利于交流系统扰动后提升的系统稳定性。

2. 闭环电流控制

控制器输入变量：测量到的实际直流电流和 VDCL 环节后的电流指令相减的差值。控制器类型：比例积分（PI 控制器），整流侧和逆变侧配置完全一致的闭环电流调节器。通过在逆变侧的电流指令中减去一个电流裕度来实现整流侧控制电流，逆变侧确定电压。

3. 电压控制器

整流侧和逆变侧均配置，整流侧用于过电压的限制，逆变侧用于定电压控制，整流侧电压参考值略高于逆变侧电压参考值。

4. γ 控制器

正常工况下，逆变侧为定 γ 角控制，采用预测性开环控制原理、AMAX 控制，使得外特性在暂态情况下具有正斜率，利于系统的稳定。

4.4.2.10 空载加压试验（NLT）

该功能主要用于测试直流极在较长一段时间的停运后或检修后的绝缘水平。

1. 试验条件

（1）整流侧进行。

（2）当前直流电压低于 0.1p.u.。

（3）本站或者对站的直流线路隔刀打开。

（4）另一侧未投入空载加压试验。

2. 模式

（1）手动控制：手动解锁。设定电压参考值<1.05p.u.，电压上升；设定电压参考值到零，电压下降。

（2）自动控制：手动闭锁。设定电压参考值<1.05p.u.，电压上升；设定电压参考值到零，电压下降。

4.4.3 直流保护系统功能实现

直流保护包括换流器保护、极保护、双极保护、换流变压器的电气量保护、换流变压器的非电量保护、直流滤波器保护、交流滤波器保护，其中换流器保护、极保护、双极保护和换流变压器非电量保护由工控机及 I/O 系统实现，而其他保护均采用独立的装置实现。

4.4.3.1 极保护主机系统组成

直流极保护硬件通道包括保护主机、现场 CAN、TDM 总线和 I/O 设备等。主机通过现场 CAN、TDM 总线和 I/O 设备，获得外部的模拟量和开关量信号。主机利用这些信号来检测并判别故障是否发生和故障类型，并发送相应的保护动作信号，使控制系统快速清除区域内的故障和不正常工况，保证直流系统的安全运行。保护主机具有顺序事件记录功能，并能通过站 LAN 网向保护故障录波信息管理子站和运行人员控制工作站发送报警、跳闸和系统自检监测信号等。保护采用双重冗余配置：一重保护的模拟量由一次系统的测量装置输入，分由两个测量通道传送至主机的两块 RS801 板。一块 RS801 板负责保护计算，另一块负责启动计算，两块板都有输出，保护才会动作。每一重直流极保护具有全部的保护功能，并与另一重保护之间在物理上和电气上完全独立，即有各自独立的电源回路，测量互感器的二次线圈，信号输入、输出回路，通信回路，主机，以及二次线圈与主机之间的所有相关通道、装置和接口。任意一重保护因故障、检修或其他原因而完全退出时，不影响另外一重保护的正常运行，并对整个系统的正常运行没有影响。保护的硬件的组成如图 4-12 所示。

程序采用模块化结构，具有良好的实时响应速度和可扩充性，具有检测采集回路出错、系统出错等的能力，并报告相应事件和作相应处理，如：相关保护闭锁退出等。直流系统主机具有"工作""测试"及"服务"三种工作状态，与控制主机相比少了"备用"工作状态，工作在测试状态时，保护除不能出口外，其他逻辑正常工作。保护主机在非测试状态运行时，均正常工作，并能正常出口。

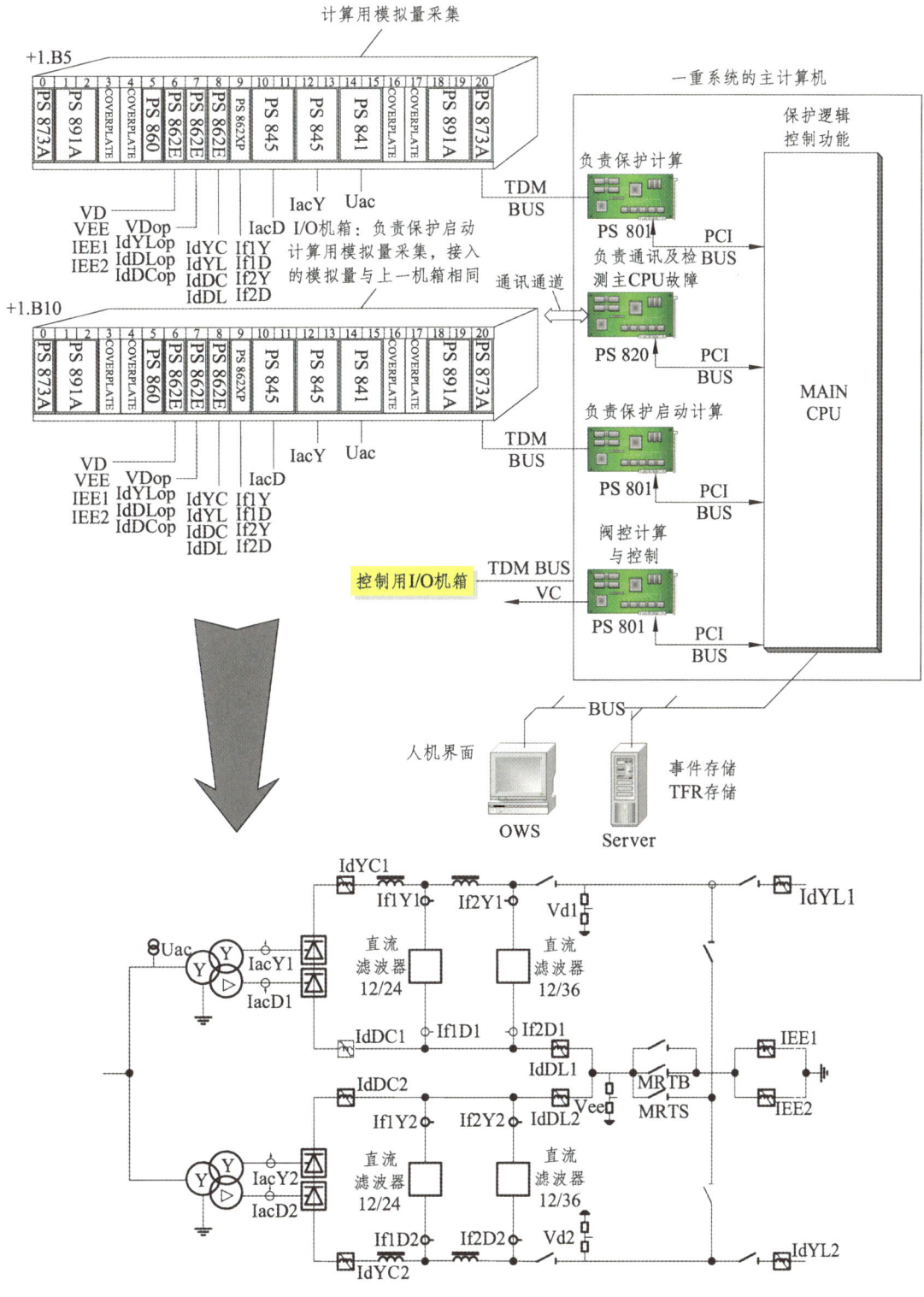

图 4-12 保护硬件组成图

4.4.3.2 直流极保护功能组成、配置及动作后果

1. 直流极保护系统组成

直流极保护系统由以下几个部分组成：

（1）换流器保护。

（2）极保护。

（3）双极保护。

2. 保护配置

保护的分区配置如图 4-13、4-14、4-15 和 4-16 所示。

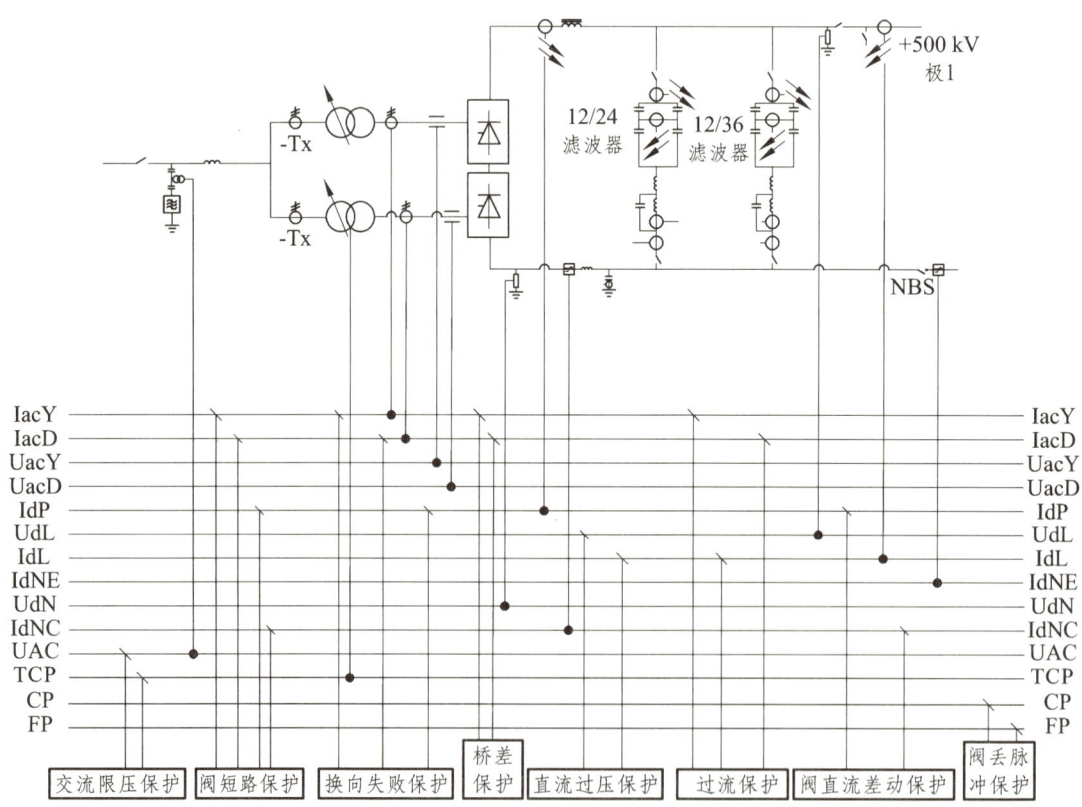

图 4-13 换流器保护

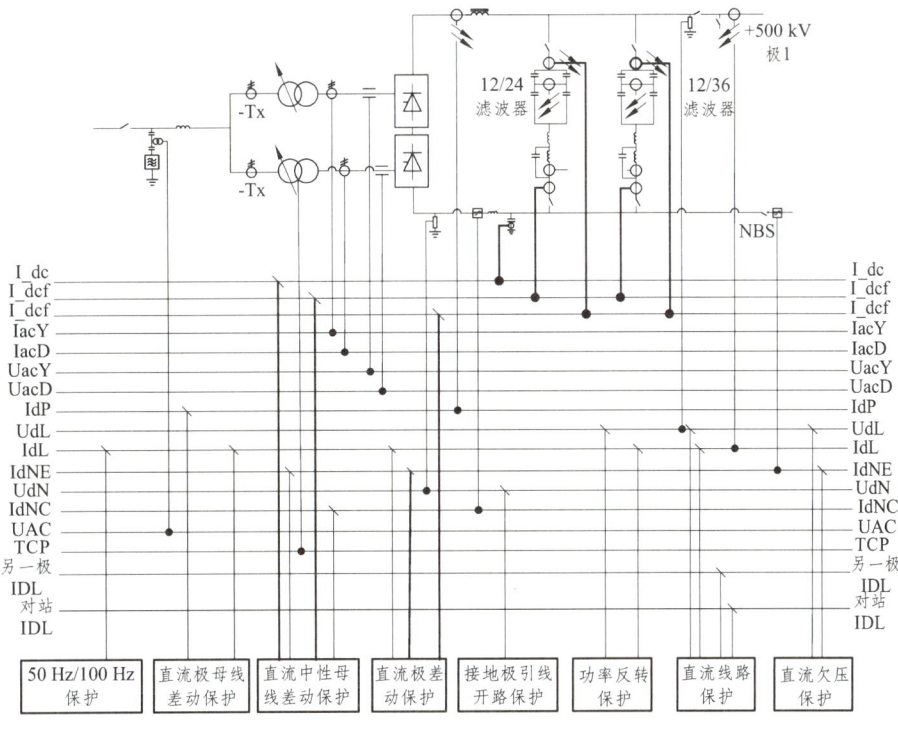

图 4-14 极保护

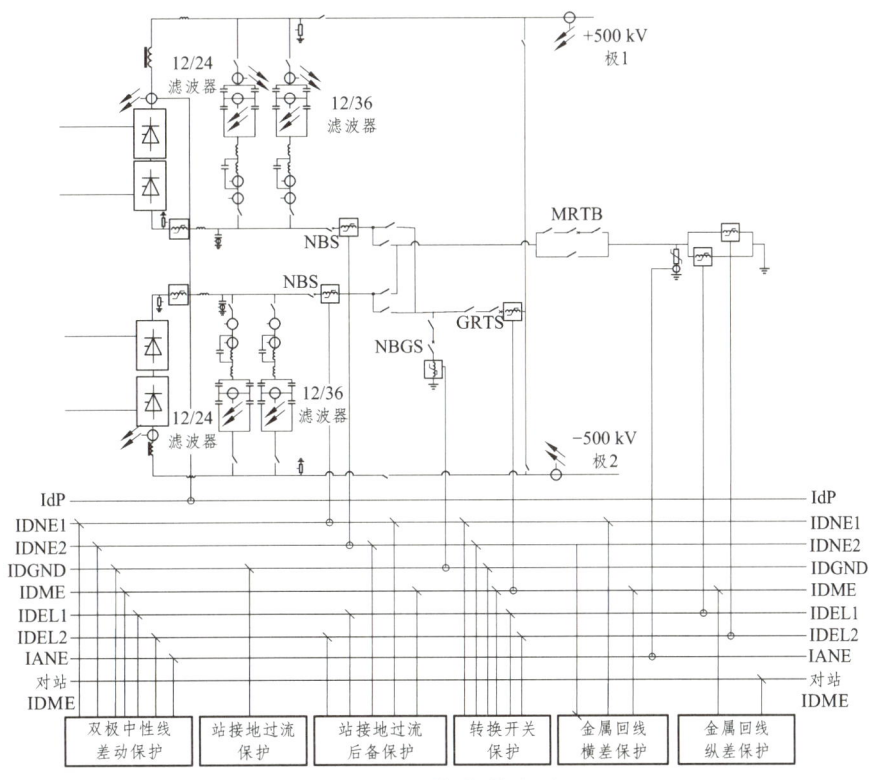

图 4-15 双极保护（1）

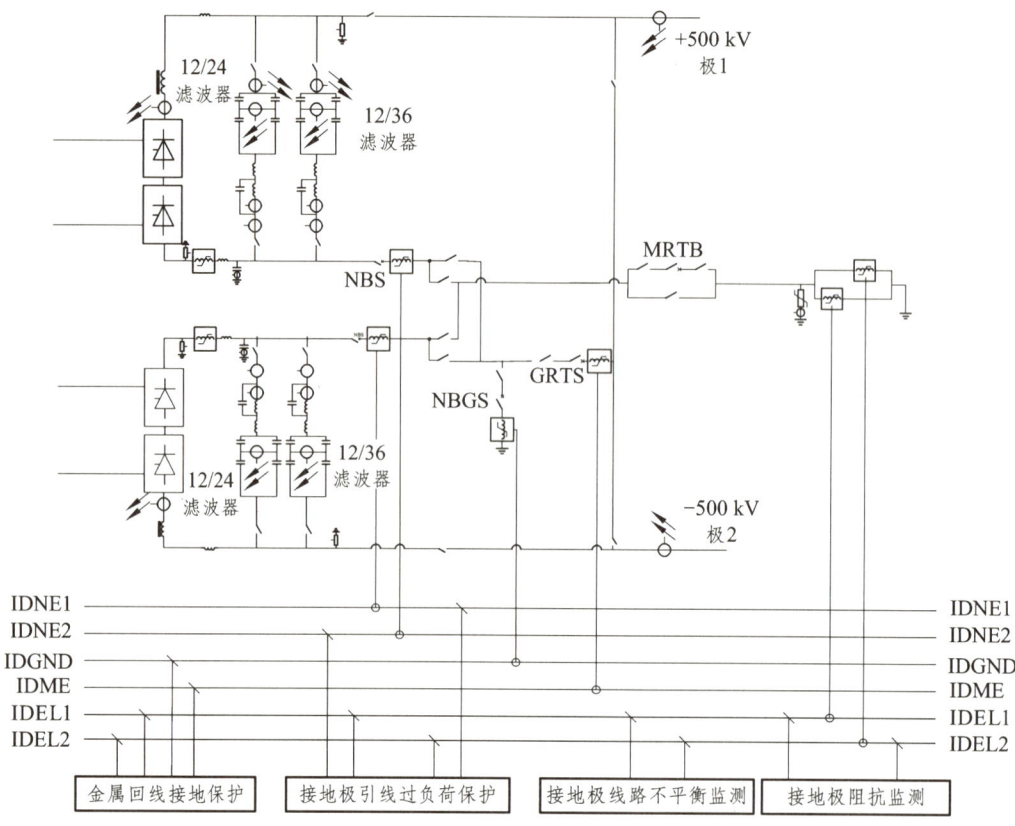

图 4-16 双极保护（2）

4.4.3.3 直流保护动作后果

保护清除故障的主要操作有以下几种。

1. 请求控制系统切换

有一些故障情况是由于控制系统的问题造成的，控制系统切换后故障可以消失，保持继续输送功率。因此有些保护动作后第一动作是请求控制系统切换，如果切换后故障消失，保护返回，否则保护执行下一步操作。

2. 移相降压

为使控制系统移相降压，保护会发出 Order Down 命令，控制系统收到 Order Down 命令后进行移相操作（Retard）。移相操作就是使触发角以一定的速率增大到最大触发角，这个操作会使整流侧转移到逆变状态运行，释放直流系统的能量，从而消除提供给故障点的直流电流，Order Down 命令取消后，系统会自动恢复到收到命令前的状态，移相降压操作主要用来消除线路的瞬时性故障。

3. 闭锁脉冲

闭锁是以最安全的方式将直流系统停运的一系列操作，这一系列操作根据不同工况有不同的时序，分为 X，Y，Z 三种闭锁方式。

（1）X 闭锁。

整流侧：立即闭锁换流阀，不允许投入旁通对。

逆变侧：立即移相，交流开关跳开时投入旁通对闭锁换流阀。

（2）Y 闭锁。

整流侧：立即移相，根据电流大小采用是否投入旁通对闭锁换流阀。

逆变侧：立即移相，投入旁通对闭锁换流阀。

（3）Z 闭锁。

整流侧和逆变侧均立即移相，投入旁通对闭锁换流阀。

4. 跳交流断路器

切断交直流之间的连接，避免交流电源对设备造成更大的应力。

5. 启动失灵

防止换流变开关无法断开，启动失灵保护。

6. 锁定交流断路器

禁止合开关，确保不会在跳开原因未确认前造成开关二次故障。

7. 功率回降

主要是过载保护的操作，操作按预定的定值（包括两次降功率时间间隔），一级一级降功率，直至输出命令的保护返回，或者直至功率降至预先设定值为止。

8. 极隔离

将直流场设备与直流线路、接地极线部分断开。

9. 极平衡

当双极运行时，如果存在接地故障，或接地极线电流过大，进行此操作，以平衡两极的电流，减小接地故障电流，或接地极线电流。

10. 重合直流场开关

当各转换开关不能断弧时保护转换开关。

11. 合中性母线站地开关

主要由接地极线开路保护触发，防止开路产生的高压对设备造成损坏。

12. 禁止升分接头

由于分接头调节不当，将要造成直流侧过应力时，禁止升分接头，以避免此情况出现。

13. 降分接头

由于分接头调节不当，已经造成直流侧过应力时，下调接头，消除过应力。

4.4.3.4 换流变保护

1. 保护基本原理

1）换流变差动保护

保护范围包括换流变网侧和阀侧的电流互感器之间的区域，保护用于检测保护范围的接地和匝间短路故障，保护根据变比和分接头位置得出匝数，比较变压器原、副边的安匝数。内部接地故障时电流产生差值，两侧安匝数不等；线圈发生匝间短路时，实际匝数与理论匝数不等。保护应当设置 2 次谐波分量和 5 次谐波分量的制动特性，防止励磁涌流引起保护误动。保护应具有穿越电流制动特性，在差动电流很高的情况下，保护配有差动速断以实现快速跳闸。

2）换流变大差保护

保护用于检测换流变引线上或换流变的故障，测量换流变引线和换流变阀侧的电流，逐相比较电流，差动电流大于定值时动作。保护只对工频敏感，并且具有穿越电流、涌流和过励磁的制动特性。

3）换流变绕组差动保护

保护用于检测换流变绕组接地故障，防止绕组损坏。原边绕组：测量每相绕组两端的电流，差动电流超过参考值，定时限动作；阀侧 Y 绕组：测量每相绕组两端的电流，差动电流超过参考值，定时限动作；阀侧 D 绕组：测量每相绕组两端的电流，差动电流超过参考值，定时限动作。

4）换流变引线差动保护

保护范围包括换流变引线电流互感器到换流变原边的电流互感器之间的区域，保护用于检测换流变引线接地故障，逐相比较电流，差动电流大于定值动作。保护只对工频敏感，并且考虑穿越电流的制动特性。

5）换流变过流保护

用于检测换流变的短路故障，测量换流变原边的电流，推荐采用定时限特性。

6）换流变过压保护

用于避免对换流变和换流桥造成损坏的严重的交流持续过电压，测量换流变引线上每相的电压，把相对地间的电压与电压定值比较来判断是否发生非正常过电压。

7）换流变过激磁保护

保护用于检测换流变的过励磁，电压和频率的比值增加，会导致励磁电流增加，从而使铁芯发热。根据电压和频率的比值来反映变压器的过励磁。

8）换流变饱和保护

保护换流变由于直流电流通过中性点进入变压器或换流阀触发不平衡而引起的换流变饱和，保护监测变压器网侧中性线电流。当运行不平衡时，就会有直流电流通过变压器中性线流入。换流变中性线直流电流及其引起的变压器铁芯饱和将导致变压器激磁电流畸变。

9）换流变零流保护

用于换流变 Y 绕组，检测单相或相间短路故障，保护换流变，测量换流变中性线上的电流，测量各相的电流瞬时值并取代数和，保护对电流的零序分量敏感，并且考虑涌流的制动。

10）换流变零序差动保护

用于检测换流变原边绕组的内部接地故障和绕组故障，比较换流变原边三相的零序电流和中性线上的零序电流，如果差动电流超过预定参考值，保护动作。

11）换流变过负荷保护

用于检测换流变的过负荷，测量换流变阀侧绕组的电流，根据换流变承包商绕组温度常数计算绕组温度，达到绕组温度的报警水平时报警。

12）变压器本体保护

本体保护应随变压器本体配套提供，制造商应为换流变本体保护提供合适的接口以便接入保护系统。当换流变发生了冷却器故障、油温过高、油压异常、油位过低、气体积聚和气体冲击等故障时，本体保护应及根据故障严重程度及时发出报警或跳闸信号。换流变本体保护包括：

（1）重瓦斯（包括调压部分）。

（2）轻瓦斯（包括调压部分）。

（3）压力释放。

（4）油位低。

（5）油温高。

（6）绕组温度高。

（7）油流继电器。

（8）冷却系统故障（含风扇、泵等故障）。

（9）有载调压分接头故障。

（10）有载调压分接头重瓦斯。

（11）有载调压分接头轻瓦斯。

（12）有载调压分接头压力释放。

（13）有载调压分接头油位低。

2. 换流变保护配置

本站每极换流变电气量配置两面保护屏，双重化配置，每一面保护屏包括一套 RCS-977D 换流变保护装置，500 kV 换流变保护配置见表 4-2。

表 4-2　换流变压器保护配置

保护装置型号	保护名称		动作后果
RCS-977D	主保护	换流变大差保护	发报警，跳开 5011（5043）、5012（5042）开关，启动直流系统紧急闭锁，启动失灵保护。
		Y/Y 换流变差动保护	
		Y/D 换流变差动保护	
		换流变引线差动保护	
		换流变引线零序差动保护	
		Y/Y 换流变网侧绕组差动保护	
		Y/Y 换流变网侧绕组零序差动保护	
		Y/D 换流变网侧绕组差动保护	
		Y/D 换流变网侧绕组零序差动保护	
		Y/Y 换流变阀侧绕组差动保护	
		Y/D 换流变阀侧绕组差动保护	
		换流变过激磁保护	
	后备保护	换流变开关过电流保护	
		Y/Y 换流变网侧套管过流保护	
		Y/D 换流变网侧套管过流保护	
		Y/Y 换流变零流保护	
		Y/D 换流变零流保护	
		换流变过电压保护	
		换流变饱和保护	
		Y/Y 换流变阀侧过电流保护	
		Y/D 换流变阀侧过电流保护	
		换流变过电压报警	发报警
		换流变饱和报警	
		换流变过激磁报警	
		Y/Y 换流变过负荷报警	
		Y/D 换流变过负荷报警	
		Y/Y 换流变中性点零序电流报警	
		Y/D 换流变中性点零序电流报警	
		Y/Y 换流变阀侧过负荷报警	
		Y/D 换流变阀侧过负荷报警	

4.4.3.4 直流滤波器保护

1. 保护基本原理

直流滤波器区域覆盖直流滤波器高、低压侧之间的所有设备,该区域保护应能保护所有电容器、电抗器及电阻器等元件免受由于谐波电流超标或者由于过电压而产生的应力。包括:

(1)差动保护:监测直流滤波器保护区的接地故障,检测直流滤波器首端和末端电流的差流,如果超过定值,保护动作。

(2)过流保护:监测直流滤波器的过负荷,避免直流滤波器过应力,检测直流滤波器总的谐波电流,如果超过定值,保护动作。

(3)电容器不平衡保护:检测直流滤波器高压电容器组的故障,检测直流滤波器高压段两桥臂的电流差或者不平衡电流,电流超过定值时保护动作。

(4)电阻、电抗谐波过负荷保护:检测直流滤波器中电抗和电阻的各自谐波电流,如果超过定值,保护动作。

2. 保护配置

直流滤波器保护配置如表 4-3 所示。

表 4-3 直流滤波器保护配置

保护装置型号	保护名称		动作后果
RCS-976D	主保护	差动速断	跳滤波器与母线所连接隔离开关,启动故障录波
		比率差动	
		变化量比率差动	
	后备保护	过流	跳滤波器与母线所连接隔离开关,启动故障录波
		过负荷	发报警
		失谐	
		暂态不平衡保护	
		稳态不平衡保护	

4.4.3.5 交流滤波器小组保护

HP3 型,24/36、11/13 型,并联电容器型滤波器小组保护配置表分别如表 4-4,4-5,4-6 所示。

表 4-4　HP3 型滤波器小组保护配置表

保护装置型号	保护名称		动作后果
RCS-976A	主保护	差动速断	1. 跳滤波器断路器 2. 闭锁滤波器断路器 3. 启动滤波器断路器失灵保护 4. 启动故障录波
		比率差动	
		变化量比率差动	
		暂态不平衡保护	
		稳态不平衡保护	
	后备保护	过流	1. 跳滤波器断路器 2. 闭锁滤波器断路器 3. 启动滤波器断路器失灵保护 4. 启动故障录波
		零序过流	
		低端电容器保护	
		低端电阻保护	
		低端电抗器保护	
		失谐监视报警	发报警

表 4-5　24/36、11/13 型交流滤波器小组保护配置表

保护装置型号	保护名称		动作后果
RCS-976A	主保护	差动速断	1. 跳滤波器断路器 2. 闭锁滤波器断路器 3. 启动滤波器断路器失灵保护 4. 启动故障录波
		比率差动	
		变化量比率差动	
		暂态不平衡保护	
		稳态不平衡保护	
	后备保护	过流	1. 跳滤波器断路器 2. 闭锁滤波器断路器 3. 启动滤波器断路器失灵保护 4. 启动故障录波
		零序过流	
		电阻保护	
		高端电抗器保护	
		低端电抗器保护	
		失谐监视报警	发报警

表 4-6　并联电容器型滤波器小组保护配置

保护装置型号	保护名称		动作后果
RCS-976A	主保护	差动速断	1. 跳滤波器断路器 2. 闭锁滤波器断路器 3. 启动滤波器断路器失灵保护 4. 启动故障录波
		比率差动	
		变化量比率差动	
		暂态不平衡保护	
		稳态不平衡保护	
	后备保护	过流	发报警
		零序过流	

4.4.3.6 交流滤波器母线保护

每大组滤波器配置两套RCS-915AB交流滤波器母线保护（表4-7）（两套保护分布于一面屏柜）。

表4-7 交流滤波器母线保护配置

保护装置型号	保护名称		动作后果
RCS-915AB	主保护	差动速断	1. 跳滤波器母线所有断路器 2. 闭锁滤波器母线所有断路器 3. 启动滤波器进线断路器失灵保护
	后备保护	过压保护	发报警
		失灵保护	1. 跳滤波器母线所有断路器 2. 闭锁滤波器母线所有断路器 3. 启动滤波器进线断路器失灵保护 4. 启动故障录波

4.4.3.7 最后断路器保护

为配合德阳换流站直流送出工程，有效保护直流设备的正常运行，在谭家湾和德阳站设置安稳装置，共同组成最后断路器保护系统。最后一台断路器保护是换流阀保护的一种，目的在于防止运行中的逆变站在两回出线均失去负荷时，使换流站设备（如换流阀）因过电压而损坏。其要求在两回出线的最后一台断路器未开断前（主回路断，燃弧结束），将最后一台断路器保护的动作信号传送到德阳换流站以闭锁直流阀，本系统的逻辑判别时间及信号传输时间必须小于断路器的开断时间。

该系统由谭家湾站主站和德阳站执行站共同构成，谭家湾站作为主站，进行最后断路器保护的逻辑判别，在逻辑判别完成后通过专用通道向德阳执行站发送ESOF命令。德阳站为执行站，具备接收和执行谭家湾站EOSF命令的功能，具体装置配置如表4-8所示。

表4-8 最后断路器保护配置表

站名	保护配置	数量
谭家湾站	最后一台断路器保护柜2面，每套包含屏柜1面、RCS-992A主机1台、RCS-990A从机1台、RCS-990G从机1台、光纤接线盒、尾纤及光缆等一套	2
德阳换流站	最后一台断路器保护ESOF命令执行柜1面,包含屏柜1面、RCS-992A主机2台、RCS-990A从机2台、尾纤及光缆等一套	1

谭家湾站装置检测本站与德阳换流站之间双回线运行情况，当检测到谭家湾站与德阳换流站之间联系断开时，发ESOF命令到德阳换流站紧急关阀，联系断开检测逻辑包括：

（1）德阳双线最后断路器保护逻辑。

（2）德阳双线同名相故障检测逻辑。

德阳双线最后断路器保护逻辑动作后直接发ESOF命令至德阳换流站进行紧急关阀。对于德阳双回线的同名相故障情况，装置设有对应的逻辑控制字"德阳同名相ESOF"决定此种情况下是否进行德阳双线的最后断路器保护功能。控制字投入，则当装置检测到德阳双线同名相故障时则直接发ESOF命令至德阳换流站进行紧急关阀，控制字退出则不执行同名相故障判别逻辑。

谭家湾站及德阳站最后断路器保护电路图如图4-17所示。

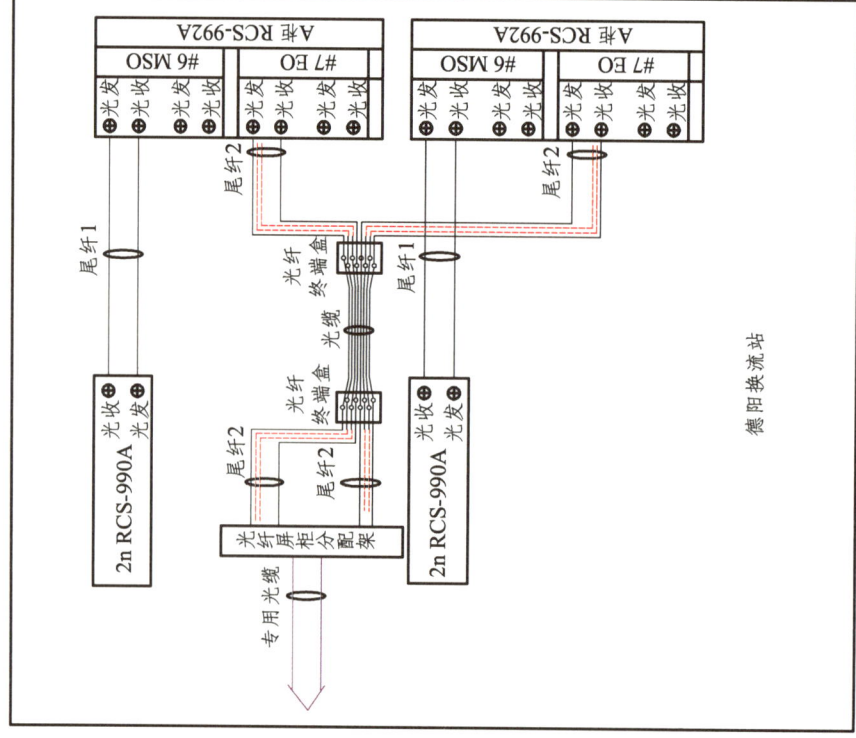
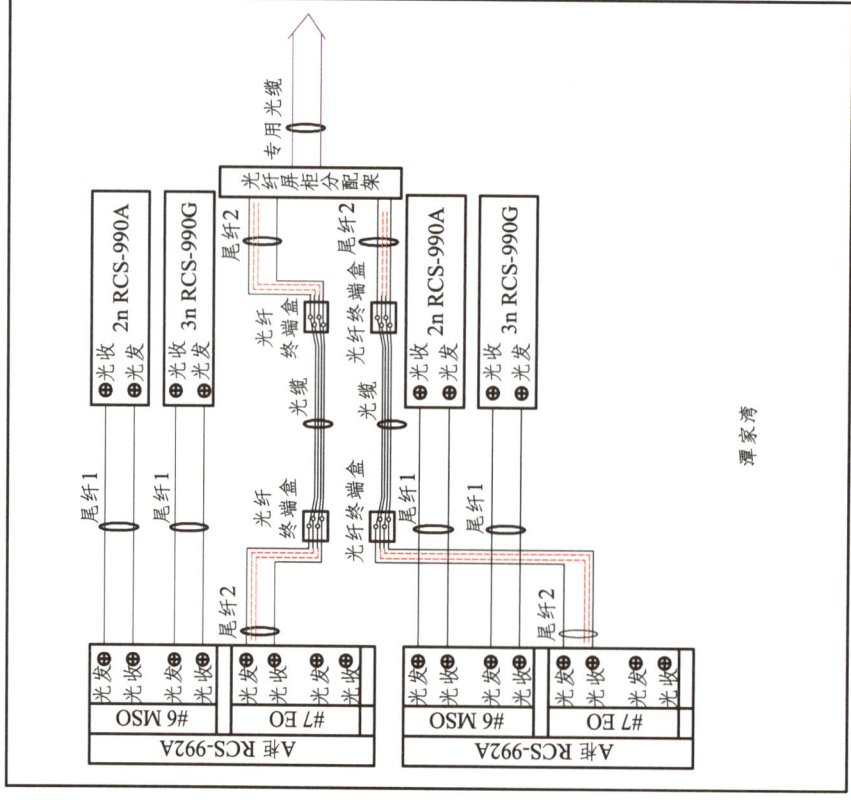

图 4-17 最后断路器保护

4.4.4 SCADA 系统

4.4.4.1 SCADA 系统概述

SCADA（Supervisory Control And Data Acquisition）系统，即数据采集与监视控制系统，SCADA 系统也称为站控及监视系统（SCM），它由网络服务器（server）、各种工作站组成。它可以对现场的运行设备进行监视和控制，以实现数据采集、设备控制、测量、参数调节以及各类信号报警等各项功能。

4.4.4.3 SCADA 系统硬件配置

SCADA 系统硬件配置如表 4-9 所示。

表 4-9 SCADA 系统硬件配置表

序号	设备名称	型号	生产厂家
1	运行人员工作站	Precision T3400、21 寸液晶 LCD、2.33 GHz 主频、2 GB 内存、219 G 硬盘、双网卡	Dell
2	工程师工作站	Precision T3400、21 寸液晶 LCD、2.33 GHz 主频、2 GB 内存、219 G 硬盘、双网卡	Dell
3	培训工作站	Precision T3400、21 寸液晶 LCD、2.33 GHz 主频、2 GB 内存、219 G 硬盘、双网卡	Dell
4	远动工作站	2×1.5 GHz UltraSPARC IIIi 处理器、2 GB 内存、3×73 G 硬盘、3 网卡	SUN
5	规约转换器	RCS-9794B	南瑞继保
6	SCADA/历史服务器	2×1.593 GHz Space VIIIi 处理器、4 GB 内存、4×73 G 硬盘、4 网卡	SUN
7	文件服务器	2×1.5 GHz、1 GB 内存、3x73 G 硬盘、2 网卡	DELL
8	站 LAN Switch	Catalyst 2950-24、100 M	CISCO
9	培训 LAN Switch	Catalyst 2950-24、100 M	CISCO
10	站 LAN-培训 LAN 防火墙	PIX515E	CISCO
11	站间 WAN 网桥	1760	CISCO

4.4.4.4 系统软件配置

操作系统主要采用 Windows 和 Unix 系统，支持 TCP/IP、SQL 和 DDE。网络通信采用 TCP/IP、NETDDE/DDE 协议；数据库采用 Microsoft 的商用数据库 SQL Server 2000 数据库管理系统；人机界面系统采用世界工业过程控制领域流行的图形界面工具 InTouch（Wonderware 产品）；编程工具采用可视化编程工具 HiDraw、Visual C、Visual Basic 等；报表系统采用 Microsoft 的 Excel 电子报表工具。

4.4.4.5 人机交互系统

实时监控人机界面是在工程师工作站上开发的，各 OWS 及站长工作站运行实时监控界面。

实时监控人机界面的基本构成为窗口，窗口可分为三大类：控制窗口、列表窗口与趋势窗口。控制窗口又划分为一次窗口和二次窗口，一次窗口调出时覆盖屏幕，当选择另一个一次窗口时则被隐藏；二次窗口当请求时自动弹出，其中有些会自动关闭，有些要人工关闭。列表窗口主要用于显示报警和事件信息。趋势窗口则显示模拟遥测量的当前或历史趋势。

人机监控界面主要完成以下功能。

（1）站 LAN 网监视：完成交流站控/滤波器控制保护/极控制保护主机、服务器、运行人员工作站、远动工作站、规约转换工作站等各主机的运行状态监视及主/备系统切换等功能。

（2）单线图窗口：显示交流（图4-18）或直流（图4-19）接线方式，完成开关/刀闸/地刀等的状态以及运行参数的监视，同时通过单线图实现开关刀闸的分合及其他设备的控制操作。

（3）顺控流程窗口（图4-20）：显示直流传输系统的运行状态，实现直流运行方式的顺序控制操作以及状态转移，直流控制方式切换以及功率/电流等整定值的下发等。

（4）事件/报警列表窗口：完成事件/报警显示、检索、打印及报警确认等功能。事件/报警分为紧急、告警、轻微、正常4个等级，不同等级用不同颜色显示。列表窗口用于监视报警和事件，共有5个不同的列表窗口。

（5）站用电系统的监视控制：完成对站用电源系统的监视、控制。

（6）水冷系统的监视控制：监视水冷系统的运行状态信息以及模拟量测量信号，并实现要求的水冷控制功能。其监视信号通过 DPI 从极控制保护系统采集，而极控制保护系统则通过 CAN 网从阀冷却控制保护系统得到。

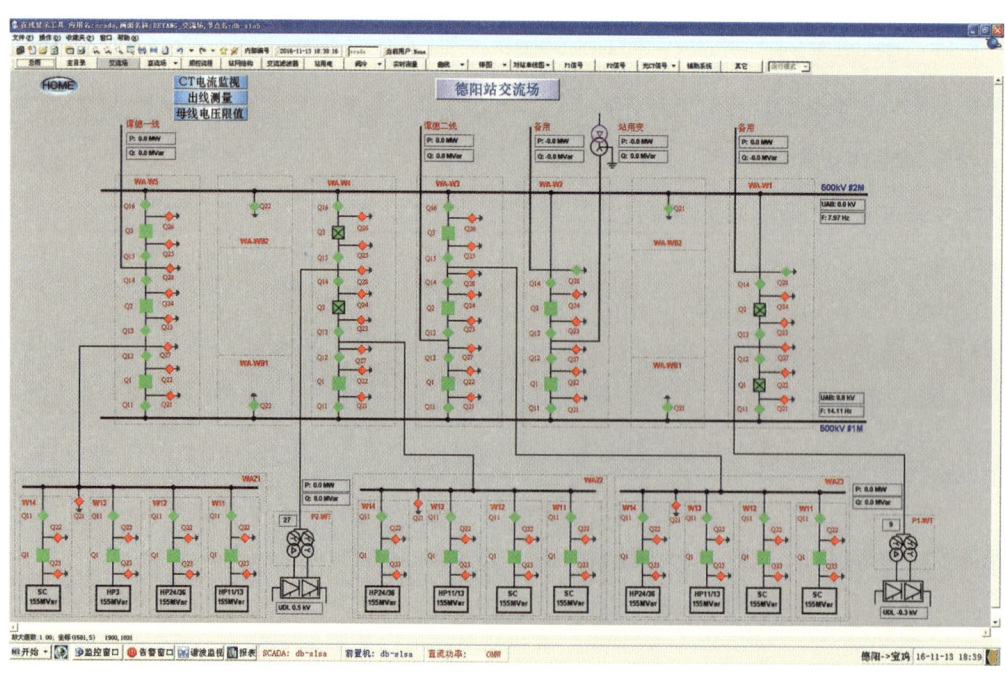

图4-18 交流场单线图

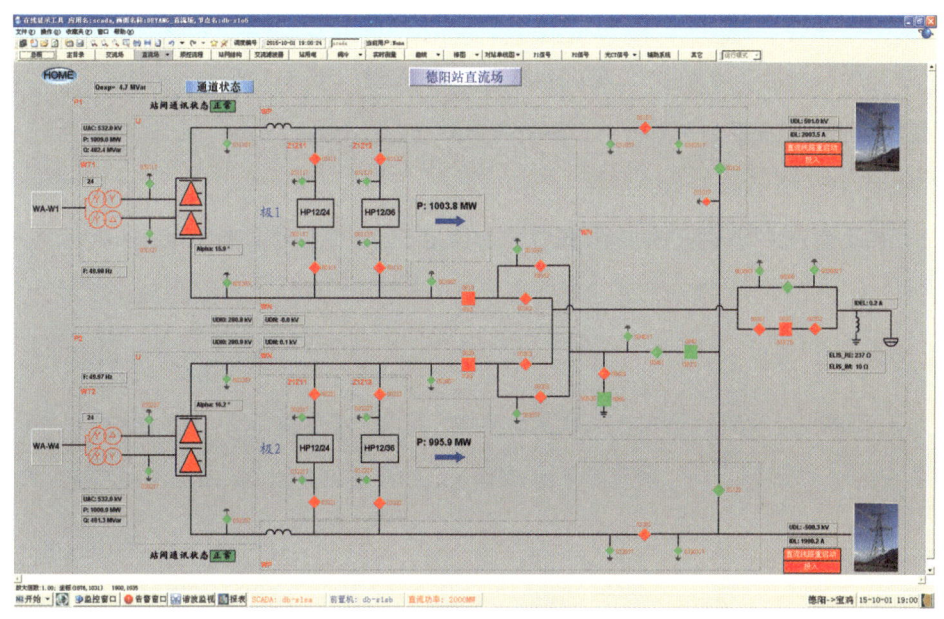

图 4-19 直流场单线图

（7）在线谐波监视：用棒图显示谐波监视点的各次谐波及其相应的统计数据。

（8）趋势曲线：显示实时趋势和历史趋势，并实现历史趋势数据存储。

（9）自动功率曲线整定：实现自动功率曲线的查询、显示和修改，用于编制功率曲线。功率曲线分日、周、月3种。

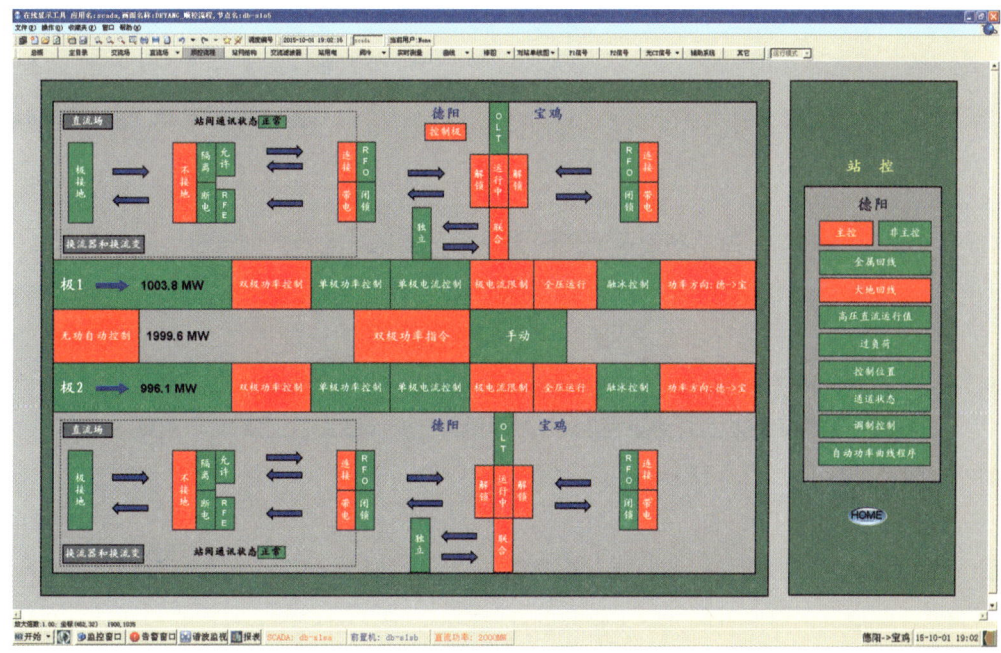

图 4-20 顺控流程图

4.4.4.6 事件报警系统

实时监控界面提供多种事件/报警列表来显示控制保护系统产生的事件/报警。

（1）告警列表：按事件严重程度（用不同的颜色区分，如紧急用红色、告警用黄色、次要用绿色），顺序列表显示没有确认的报警。

（2）故障列表：按时间顺序显示持久告警，用相应的严重等级颜色加以标识。报警一发生即列出，当恢复正常时即自动移去。不正常列表：显示当前不正常状态的事件点。

（3）事件列表（图4-21）：按时间顺序列出换流站发生的所有事件包括操作命令的记录信息。事件表具有过滤功能，可以按事件类型选择显示。

（4）历史事件列表：运行人员输入希望的日期即可列出历史上该时段的事件记录，其功能类似于事件表。

同时，实时监控界面提供音响告警功能，不同等级的报警用不同的声音提示，直到运行人员确定音响告警为止。

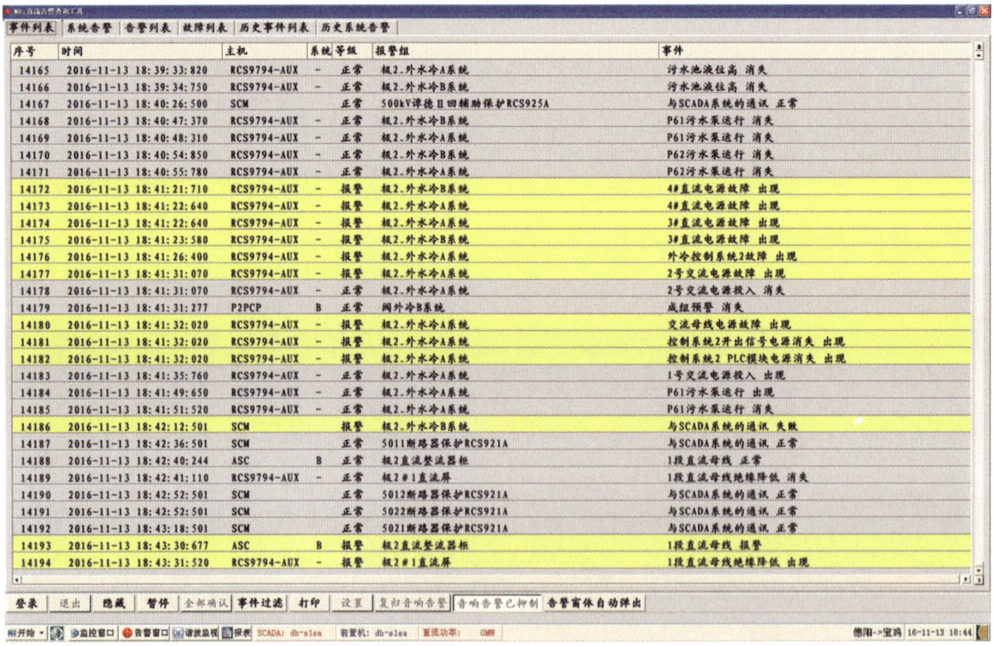

图4-21 事件报警列表

4.4.5 直流远动系统

直流远动系统是指为两站间控制保护系统提供信息传输和处理的系统。所提供的高压直流远动系统包括全部必要的电路系统，以接收来自直流控制、保护系统的信号，或者将信号送至对站的控制、保护系统，完成信号的并联-串联/串联-并联的转换，以及信号的编码和解码，并保证信号不出错；该远动系统将通过接口连接两换流站之间的通信系统。通信系统的组织结构为：光纤（主通道）+ 光纤（备用通道）。

每极的高压直流远动系统与极控制系统一样采用双重化冗余配置。高压直流远动系统设备的供货也要符合信号通道多重化的要求，这些设备与通信系统的接口部分都应为冗余多重化结构。

每一个极的远动系统设备都与另一极的远动系统设备在电气及物理结构上分开，因此每个系统的运行都是独立的。所必须的任何双极信号将通过各个极有关的高压直流远动系统进行传送。

高压直流远动设备布置在控制设备室内，集成到直流控制、保护柜中，以便相互交换信息。

远动信号包括为满足控制保护功能及相关的重要状态监视功能要传输的模拟信号和数字信号。具体来说，模拟信号主要包括：电流指令、线路电流测量值、需要站间协调的其他模拟量等。数字信号主要包括：运行状态、运行模式、保护动作信号、开关状态等。

4.4.5.1 SCADA LAN

控制系统、工作站、服务器都采用 PRO/100 或 PRO/1000 的冗余网卡连接到站 LAN 网，它们都可以以 100 Mbit/s 的速度可靠运行。

运行人员工作站、控制保护系统、远动工作站等都通过速度为 100 Mbit/s 的 SCADA LAN 与 SCM 服务器连接。

SCADA LAN 网采用星型结构联结，为提高系统可靠性，站 LAN 网设计为完全冗余的 A、B 双重化系统，LAN 网络与交换机都是冗余的，因此，单网线或单硬件故障都不会导致系统故障。两底层 OSI 层通过以太网（IEEE 802.3）实现，而传输层协议则采用 TCP/IP。

系统主机、工作站等均通过两块具有"Teaming"功能的网卡（NIC）接入站 LAN 网的 A、B 部分，并具有完善的系统自检功能以实现故障时的自动切换或解裂。

4.4.5.2 SCADA WAN

广域网 WAN（Wide Area Network）用于连接两端换流站的 SCADA LAN，这可以使两端换流站 SCADA 系统之间相互交换数据，从 WAN 网桥到通信系统的接口是 64 kbit/s 速率的 RS422 接口。

4.4.5.3 到远方调度中心的通信

远动工作站 TCWS 是换流站 SCADA 系统与远方调度自动化系统之间的接口，TCWS 通过 SCADA LAN 采用 IEC103 与控制保护系统通信，TCWS 通过两块 PRO/100 网卡与 SCADA LAN 连接，而到远方调度中心的通信则通过广域网 WAN 和点对点链路，到远方调度的接口示意图如图 4-22 所示。

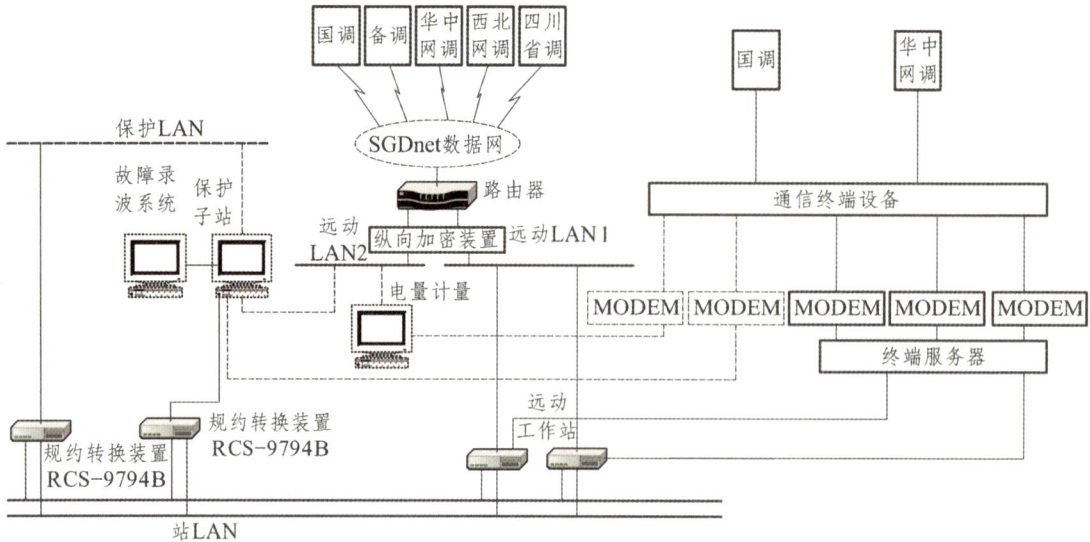

图4-22 德阳换流站与远方调度中心通信系统结构图

第 5 章　换流阀及阀控系统

换流阀是直流输电系统中的关键设备，它的作用是把交流电变换成直流电（称为整流），或者把直流电变换成交流电（称为逆变）。换流过程通常使用 6 脉动换流阀和 12 脉动换流阀，12 脉动换流阀是由两个 6 脉动换流阀串联而成。按照触发原理的不同可分为 LTT（Light Trigger Thyristor）换流阀和 ETT（Electric Trigger Thyristor）换流阀。目前在运换流阀技术主要有 ABB 技术换流阀、SIEMENS（西门子）技术换流阀（含光触发、电触发）和 AREVA 技术换流阀。

由光触发晶闸管 LTT 组成的换流单元称为 LTT 换流阀。光触发晶闸管工作原理是在晶闸管门极区周围，有一个小光敏区，当一定波长的光被光敏区吸收后，在硅片的耗尽层内吸收光能而产生电子空穴对，形成注入电流，使晶闸管元件触发。这种触发方式与电触发方式相比，省去了控制单元的光电转换、放大环节及电源回路，简化了阀的辅助元件，改善了阀的触发特性，提高了阀的可靠性。德阳换流站采用西安西电集团生产的西门子技术光触发 5 英寸晶闸管。

由电触发晶闸管 ETT 组成的换流单元称为 ETT 换流阀。电触发晶闸管工作原理是将阀控系统来的触发信号转化为光信号，由光缆将光信号传送到每个晶闸管级，在门极控制单元把光信号再次转换成电信号，经放大后触发晶闸管元件。这种触发方式利用了光电器件和光纤的优良特性，实现了触发脉冲发生装置和换流阀之间低电位和高电位的隔离，同时也避免了电磁干扰，减小了各元件触发脉冲的传递时差，使均压阻尼回路简化和小型化，同时使得能耗减小，造价降低，是当今直流输电工程的主流。

为了满足换流阀可靠运行的要求，换流阀具有如下特性：

（1）阀只具有单向导通的性能，在一个周波中阀导通的时间为三分之一周波。

（2）在阀不导通时，能够承受正向和反向的阻断电压。

（3）阀的最大阻断电压一般设计为 3 倍的六脉动阀桥额定直流电压，最大阻断电压应由并联避雷器的电压保护水平决定。

（4）当阀承受正向电压，同时有符合要求的触发信号给门极时，则阀应导通。只有流过阀的电流降为零时才关断。

（5）阀具有承受过电流的能力，通过正常阀的最大过电流发生在阀两端间的直接短路，而过电流的幅值主要由系统短路容量和换流变短路阻抗所决定。

5.1 晶闸管换流阀性能概述

晶闸管换流阀其投资约占全站设备投资的 1/4。晶闸管换流阀应能在预定的外部环境及系统条件下，按规定的要求安全可靠地运行，并满足损耗小、安装及维护方便、投资省的要求。

5.1.1 换流阀主要定值

1. 连续运行额定值

根据系统要求以及对高压直流系统主回路参数研究的结果来确定换流阀的连续运行额定值，应考虑诸如最高环境温度等因素的影响。德宝直流输电工程整流站连续运行额定值为：额定直流电压，±500 kV；额定直流电流，3000 A；额定直流功率，3000 MW。

2. 过负荷能力

换流阀的过负荷能力应与高压直流输电系统的过负荷能力相匹配，根据系统要求换流阀的过负荷能力分为三种：

（1）连续过负荷额定值，可以长期连续运行的过负荷能力。

（2）短时过负荷额定值，一般是指 0.5 h 至数小时内可连续运行的过负荷能力。

（3）暂态过负荷额定值，一般是指数秒内的过负荷能力。

前两种过负荷额定值是由相应电力系统故障后为减少经济损失以及为电力系统故障后的恢复提供必要的功率支持而提出来的，该定值的合理性应顾及相应设备费用的增加。后一种过负荷额定值是基于直流输电系统以各种方式调制阻尼交流系统的振荡和提高系统运行稳定性的要求而提出的。

5.1.2 换流阀运行触发角

晶闸管换流阀的运行触发角工作范围应优化考虑的因素有：

（1）满足额定负荷、最小负荷和直流降压等各种运行方式的要求。

（2）满足正常启停和事故启停的要求。

（3）满足交流母线电压控制和无功调节控制等要求。

换流阀的额定运行触发角（整流侧为触发角，逆变侧为关断角），从减少无功消耗、减少谐波分量和降低运行损耗等方面考虑，宜越小越好；但从换流阀安全可靠换相和保证有足够的调节裕度的角度出发，应有最小角度限制。根据直流输电工程的经验和目前晶闸管的制造水平以及触发控制系统的性能水平，整流器的触发角一般取 15° 左右，最小值为 5°；逆变器的关断角一般取 15°～18°，最小值为 15°。

当直流系统降压运行时，若换流变压器的有载分接头已调至极限位置，不可能再将触发角控制在规定范围内，则其触发角值必将增大。对于德宝直流输电工程，在直流系统以 400 kV（0.8p.u.）电压和 300 A（0.1p.u.）电流运行时，阀的触发角达到 38°～40°，这是设计晶闸管换流阀稳态运行时的最大角度限制要求。然而，在启停过程和潮流反转过程等特殊情况中，这个限制将被解除，以保证这个过程的顺利进行。在启停过程中，触发角将短时处于 90° 的极端值，持续时间一般应限制在 1 min 内。对于利用换流器进行无功功率调节的直流输电工程，还应考虑在进行无功调节时可能运行的最大触发角。

5.1.3 换流阀基本结构及性能

晶闸管换流阀是由晶闸管元件及其相应的电子电路、阻尼回路、阀组件（或阀层）电抗器、均压元件等通过某种形式的电气连接组装而成的换流桥臂。6 脉动换流器由 3 相桥式电路中的 6 个换流桥臂组成，每相由两个桥臂组成。12 脉动换流器则由两个 6 脉动换流桥臂串联而成。其中晶闸管阀是直流输电工程的"心脏"，是换流器的最基本的组成单元。

（1）晶闸管及晶闸管级是组成晶闸管阀的关键元件，在德阳换流站中使用的晶闸管芯片直径已达 5 英寸。晶闸管级由晶闸管元件及其所需的触发、保护及监视用的电子回路构成。

（2）晶闸管组件由晶闸管与紧靠它们的辅助设备及电抗器（如使用）的机械组合构成。

（3）电抗器组件是指一个或多个电抗器的机械组合。

（4）阀组件是指由若干晶闸管和其他部件构成的电气组合，按比例呈现完整的电气性能。一般来说串联连接的若干个晶闸管级与电抗器串联后再并联上均压电容元件构成了阀组件。

（5）单阀是指若干个阀组件串联连接组成一个单阀，它构成了 6 脉动换流器的一个臂，称阀臂（单阀）。

1. 基本性能

1）晶闸管元件性能

现代高压直流换流阀主要由晶闸管元件串联组成，换流阀的性能通过晶闸管元件的特性来实现。

晶闸管元件的主要特性：

（1）阳极伏安特性。当加在晶闸管元件上的正向阳极电压增加时，如果门极电流为零，正向阳极电流将随阳极电压的增加而从零缓慢加大，即使正向电压已加到很高，电流仍只有几毫安，元件处于正向阻断状态，此时的阳极电流称为正向漏电流。待电压升到某一数值 U_{DSM}，电流突然急剧增加，管压降突然降至约 0.5～1.5 V 时，元件转入导通，U_{DSM} 称为断态不重复峰值电压。如果元件上的电压多次超过 U_{DSM}，且有大电流通过，则将导致元件特性恶化最终损坏。如果门极电流不为零，则随着门极电流的增加，晶闸管元件由阻断状态变为导通状态，此时所需的正向阳极电压就减小。如果门极电流达到其可触发的电流，则晶闸管元件在很低的正向阳极电压下就能导通。

晶闸管元件的阳极（与阴极之间）加上反向电压时的特性和二极管相似，只有很小的反向漏电流，且随反向电压的加大而增大。如果反向电压达到 U_{DSM}（称为反向不重复峰值电压）时，反向电流急剧增加，元件将被击穿而损坏，因而元件上所加的反向电压只能小于 U_{DSM}。

（2）门极特性。晶闸管元件的门极正向电压和正向电流之间的关系，称为门极特性。在门极与阴极之间施加正向电压，必然显示出二极管的特性，但又有别于普通二极管。其正、反向电阻差别较小，在门极正常触发区，应既能使元件可靠触发开通，又不致使门极击穿或过热。

（3）断态重复峰值电压（U_{DSM}）。指晶闸管门极断路和正向阻断条件下，可施加的重复率为每秒 50 次且持续时间不大于 10 ms 的断态最大冲击电压。

（4）反向重复峰值电压（U_{DSM}）。指晶闸管在门极断路条件下，可施加的重复率为每秒 50 次且持续时间不大于 10 ms 的反向最大脉冲电压。

（5）额定平均电流。指在规定的环境和散热条件下，允许通过的工频正弦半波电流的平均值，而表征元件发热情况的电流常以有效值表示。

（6）断态临界电压上升率 du/dt。在额定结温和门极开断条件下，不导致晶闸管元件从断态转变为通态的最大阳极电压上升率，一般在每微秒几千伏范围内，容许的 du/dt 最大值与结温有关，结温越高，容许的 du/dt 越低。

（7）通态临界电流上升率 di/dt。当用门极触发使元件开通时，晶闸管元件能承受而不发生有害影响的最大通态电流上升率，一般在每微秒数千安范围内。晶闸管允许的 di/dt 大小与开通过程有关。当元件开通时，首先在门极附近的结面逐渐形成导通区，然后逐步扩展到整个结面完全导通，整个过程约几微秒到几十微秒。若 di/dt 过大，元件 PN 结还未完全导通，门极附近的结面电流密度过大，则会发生局部过热而导致元件损坏。

（8）开通时间 t_{ON}。从门极加上触发脉冲开始到阳极电流上升到稳态值 10% 的这段时间，称延迟时间 t_{d0}，与此同时阳极与阴极间的压降在减小。阳极电流从稳态值 10% 上升到 90% 所需的时间,称为上升时间 t_{r0}。开通时间 t_{ON} 的定义为上述两者之和,即 $t_{ON} = t_{d0} + t_{r0}$。

(9)关断时间 t_{OFF}。这里所说的关断是指元件的阳极,阴极回路在外电路作用之下使晶闸管元件开始关断,不涉及门极可关断的晶闸管元件。关断时间是指在额定结温下,从元件正向电流为零起,到元件恢复阻断能力为止的这段时间。关断时间 t_{OFF} 是反向阻断恢复时间 t_{rr} 和正向阻断恢复时间 t_{pr} 之和,即 $t_{OFF} = t_{rr} + t_{pr}$。

2)阀的耐压性能

晶闸管阀应能承受各种不同的过电压,阀的耐压设计应考虑保护裕度。当考虑到电压的不均匀分布、过电压保护水平的分散性以及其他阀内非线性因素对阀应力的影响时,保护裕度必须足够大。根据工程经验,不计阀内冗余元件,阀和多重阀单元的耐压应有的保护裕度是:对于操作冲击和雷电冲击应大于避雷器保护水平的15%,对于陡波头冲击应大于避雷器保护水平的20%。

通常,阀的过电压耐受能力是由每个晶闸管的耐压水平通过多个元件串联叠加来实现的,故在一定的元件耐压水平参数下,阀的耐压能力由晶闸管的串联元件数所决定。

阀臂中每数个元件串联后(称为组件或阀段)与一个(或数个)电抗器串联,而该电抗器将承受陡波冲击的大部分过电压和雷电冲击的部分过电压,而且平波电抗器也会限制从线路侵入的雷电波,因此这两种过电压对换流阀阀臂串联元件不是主要控制因素。操作冲击是决定串联元件数的主要因素。由于多个元件串联和各元件对端部的杂散电容及元件特性的不均匀性,尽管有均压回路,但仍会存在电压分布不均匀。

从绝缘配合要求看,阀臂正向非重复阻断电压应高于避雷器保护水平和最小正向紧急触发电压,阀臂的反向非重复阻断电压应高于避雷器保护水平并满足最小绝缘配合裕度要求。此外,阀应能在晶闸管级保护触发动作时连续运行,在最大工频过电压,如交流系统故障后的甩负荷工频过电压下,阀的保护触发不应因逆变换相暂态过冲而动作,保护触发不应影响此后的直流系统恢复。另外,在正常控制过程中的触发角快速变化不应引起保护触发动作。

为了换流阀的安全可靠运行,在进行换流阀设计时,还要考虑元件的故障率和冗余度。根据经验,每个阀中晶闸管级的冗余数应大于运行周期内晶闸管级损坏数目期望值的2.5倍,也不应小于阀中晶闸管级总数的3%。晶闸管级的故障率应包括晶闸管元件故障率及辅助元件如:阻尼电容器、阻尼电阻器和控制单元的故障率。依据工程经验,晶闸管换流阀的冗余度不宜小于1.03,且每阀臂冗余元件不应少于3个。

3)阀的电流性能

晶闸管阀不仅应能承受额定负荷、连续过负荷及短时过负荷工况下的直流电流,这是由直流系统正常运行方式所决定的,而且还应具有一定的暂态过电流能力,这是由系统故障条件所提出的要求。

2. 其他要求

1）阀的损耗特性

换流阀的损耗是高压直流输电系统性能保证值的重要基础，是评价换流阀性能优劣的重要指标。根据直流输电工程的经验，换流站在额定工况时的损耗约小于传输功率的1%，而阀的损耗则占全站损耗的25%左右。

2）阀的热性能

换流阀在运行中产生各种损耗，对晶闸管元件的影响就是导致元件结温升高。

晶闸管元件的额定参数主要取决于在元件内产生的热量及元件把内部热量传到外壳的能力，故运行损耗产生的结温升高是晶闸管元件额定参数选择的限制因素，而阀的热力设计就是要将晶闸管的运行结温维持在正常的范围内，需考虑各种稳态和暂态工况、晶闸管结温工作范围、冷却系统设计等多方面因素。

阀的热力强度设计基于阀的额定工作电流、各种过负荷电流及暂态故障电流，前两种电流属于稳态运行工况。晶闸管元件目前制造水平的正常工作结温允许范围是 60～90 ℃，因此冷却系统额定容量选择应能满足这一要求。各种暂态故障电流将决定晶闸管元件的最高允许结温。换流阀承受故障电流的过程，对晶闸管元件来说可以假定为一个绝热过程，冷却系统和散热器基本不起作用，此过程表现为晶闸管元件结温的急剧上升。评价阀承受故障电流的能力，主要看故障末期结温以及故障切除后马上承受正向工作电压时的最大结温。要求实际最大结温应小于导致永久损坏晶闸管元件的极限结温，并留有一定裕度。按目前国际上的制造水平，导致永久性损坏的极限结温为 300～400 ℃；承受最严重故障电流后的最高结温为 190～250 ℃。一般来说，阀承受故障电流能力取决于晶闸管元件直径，直径越大，过电流能力越强。

3）阀内元部件的防火特性

换流阀是由大量的塑料、合成材料和非导电体组成。应当明确阀内的非金属材料具有很低的可燃性并能自灭，所有的塑料都添加了足够的阻燃剂。阀内电子电路设备设计时，尽量使用具有低燃烧特性的元部件。此外，阀厅安装了完善的火灾探测系统和灭火系统，用于早期的火灾报警以及紧急时的灭火。

5.2 换流阀阀塔结构

5.2.1 换流阀阀塔结构

德阳换流站采用四重三阀塔结构，阀塔采用悬吊式设计，即换流阀通过绝缘子悬吊在阀厅顶部的钢梁上。

换流阀塔主要包括晶闸管组件、电抗器组件、屏蔽罩、悬吊支撑结构、阀避雷器等，通过PVDF冷却水管、连接母线、光缆等实现与冷却系统、直流输电系统等其他一次设备以及二次控制系统的连接。

1. 阀塔整体结构

阀塔采用模块化及标准化结构设计，德阳换流站每个单阀由78只晶闸管级（3只冗余）和12台非线性阀电抗器串联组成。单阀由具有组件功能并与单阀有同样特性的阀段组成，阀段电压耐受能力仅是单阀的一部分。阀段由13个晶闸管级和2台阀电抗器串联及一台均压电容器并联组成，2个阀段组成一个组件单元，3个组件单元组成一个单阀，4个单阀构成一个阀塔，四重阀阀塔外形图如图5-1所示。

图5-1 四重阀阀塔外形图

阀结构件包括顶部和底部的铝框架，以及支撑晶闸管和电抗器的阀支架。阀支架由玻璃纤维增强树脂棒和铝梁构成。这种设计，确保阀体具有足够的柔韧性，能够满足各种静态和动态负荷的要求，也能够满足抗震应力的要求，不需要再采取其他的特殊抗震措施。

水管和光缆槽垂直穿过阀塔。水管和光缆槽制成特定的形状，确保不同电位之间具有足够的爬电距离，同时也降低了水冷回路的漏电流。在水管内插入铂电极，以控制冷却水的电位。

2. 阀塔屏蔽结构

阀塔底部及阀层外侧都安装了屏蔽罩。屏蔽罩表面光洁平整、无毛刺和凸出部分，有效降低放电的危险。屏蔽罩同时也屏蔽了外界对阀内的电磁干扰，使阀塔内部电场分布均匀，隔离了阀塔之间的相互影响。如果晶闸管出现大量漏水，阀塔底部屏蔽罩上的漏水检测装置就会探测到，阀塔底部屏蔽罩如图5-2所示。

图 5-2 阀底部屏蔽罩上带漏水检测装置

3. 阀悬吊及支撑结构

换流阀悬吊结构主要包含顶部悬吊瓷绝缘子和垂直安装在阀塔内的铝框架中的增强玻璃纤维树脂棒。悬吊绝缘子位于顶部屏蔽罩和阀厅顶部钢梁之间、阀组件之间以及最下部组件与底屏蔽罩之间，所有这些绝缘子都是同一规格，仅最顶部的绝缘子长度不同。悬吊绝缘子的作用是将阀组件、顶部和底部屏蔽罩机械的串接在一起，组成一个水平方向可摆动的柔性结构，以满足抗震要求。由于阀内各层电位不同，为了保证层间的空气绝缘距离和爬电距离，采用具有足够长度和特殊外形的层间悬吊绝缘子。它们具有足够的机械强度和良好的电气绝缘性能。阀内上下两个组件由绝缘铰链联接，这样当阀体摆动时，组件之间总是相互平行的，并始终平行于水平面，如图 5-3 所示。

图 5-3 未安装的悬式绝缘子

4. 阀避雷器

阀避雷器用绝缘子悬吊于阀塔外侧。每个单阀配置一台阀避雷器,防止换流阀承受过大电压,同时考虑其与每个单阀并联连接时,应满足机械应力及抗震设计的要求,如图 5-4 所示。

5. 阀塔绝缘设计

阀塔基本结构为对称结构设计,有效减少了使用的连接母线类型及数量,结构简单。为防止换流阀中悬浮电位的出现,所有的金属件都固定在某一电位上,而处于不同电位的金属件之间由空气或绝缘材料隔开。为了避免不同电位金属件之间的绝缘介质被击穿,金属件之间设计有一定的空气绝缘距离或爬电距离。

图 5-4 阀组件避雷器

5.2.2 换流阀阀组件结构

换流阀组件采用大框架结构,每个框架中包含两个阀段,如图 5-5 所示。

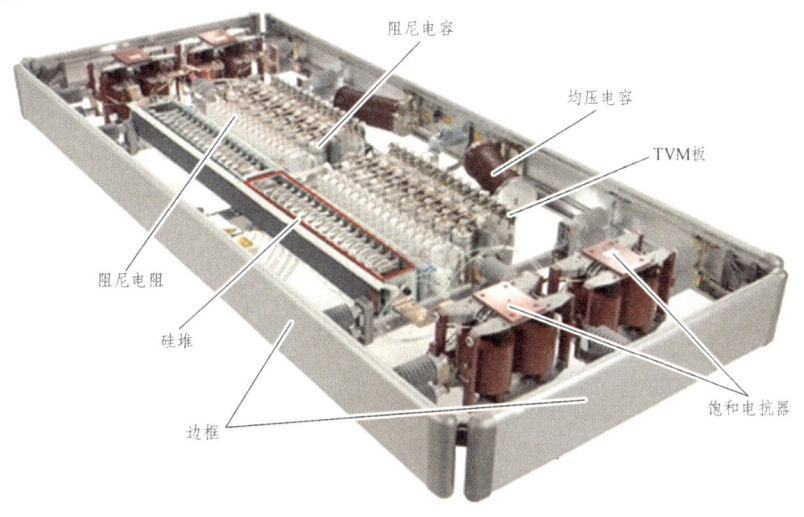

图 5-5 阀组件布局

每个阀组件由晶闸管硅堆、框架、阻尼电阻和电容、均压电容、饱和电抗器、晶闸管电压监视板(TVM)、反向恢复期保护装置(RPU)、聚偏氟乙烯(PVDF)水管、夹紧带(玻璃纤维环氧树脂)、电容支架、铝横梁及相关导流回路等连接而成。

阀组件电气原理示意如图 5-6 所示。

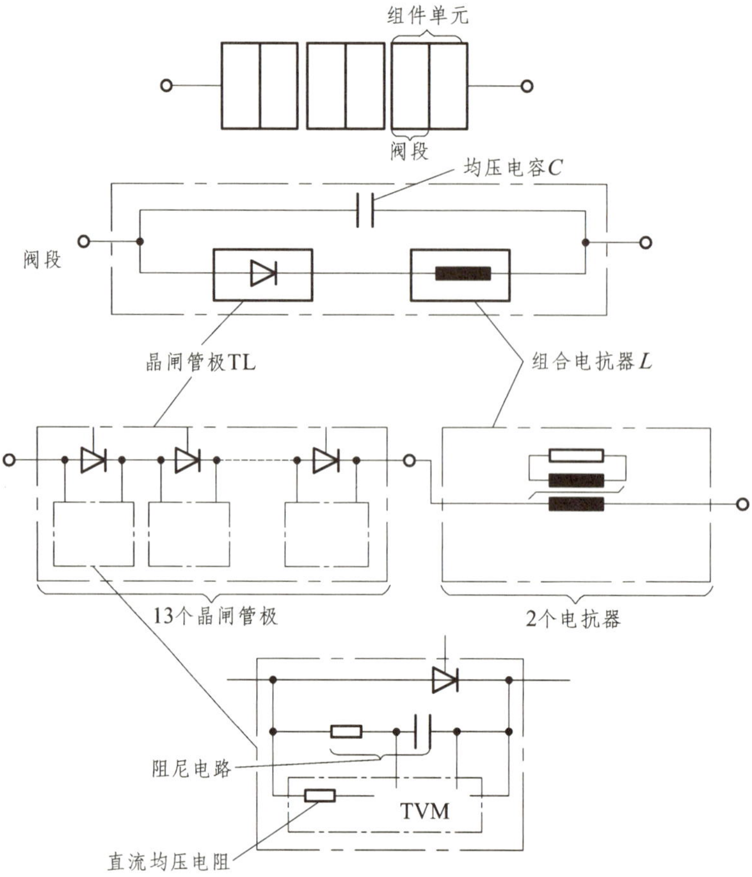

图 5-6 阀组件电气原理图

阀内均压主要是通过 RC 阻尼回路和直流均压电路实现的,而饱和电抗器和均压电容用于工频系统和浪涌电压均压。阻尼回路设计把非线性限制在可接受范围内。在正常运行时每个晶闸管承受的重复电压应低于允许的重复电压值。

陡波时,均压电容使阀段承受的电压呈线性分布。在这种情况下,由于饱和电抗器相对晶闸管级有较高的高频阻抗,所以饱和电抗器吸收大部分的过电压,减少了晶闸管级的电压上升率。

晶闸管级电气原理图如 5-7 所示。

晶闸管级即每阀段包含 13 只晶闸管,每一晶闸管对应一个阻尼电阻、阻尼电容、直流均压电阻,其对应元件参数如下示:

阻尼电阻 R_B:36(1±3%)Ω;

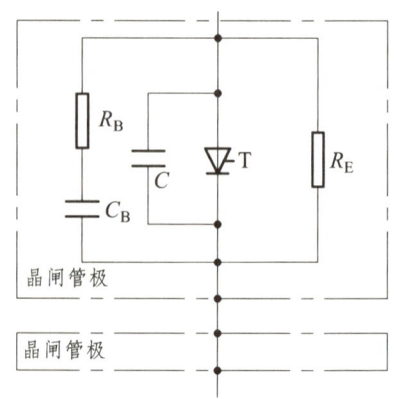

图 5-7 晶闸管级电气原理图

阻尼电容 C_B：1.4（1±5%）μF；

均压电阻 R_E：500（1±2%）kΩ。

阻尼回路为电容、电阻组合回路，其主要作用有：使晶闸管间的电压分布均匀，限制晶闸管关断时出现的过电压，为 TVM 板提供电源。

1. 晶闸管级结构

晶闸管级包括晶闸管硅堆、阻尼电阻、阻尼电容、晶闸管电压检测单元（TVM）等。

晶闸管硅堆主要包括晶闸管、散热器、碟形弹簧、FGR 绝缘板等。为保证散热充分，硅堆内散热器和晶闸管交叉叠放在一起，散热器通过两边的拉簧悬吊在 FGR 绝缘板之间，晶闸管通过散热器上的塑料销钉卡在相邻的两个散热器之间，然后通过两端的压紧螺钉和碟形弹簧使它们压紧在一起，其结构如图 5-8 所示。

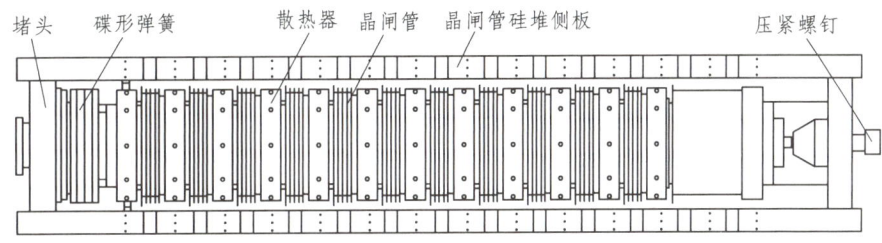

图 5-8 晶闸管硅堆

1）光触发晶闸管

采用西门子光触发技术的 5 英寸晶闸管如图 5-9 所示。

图 5-9 光触发 5 英寸晶闸管

2）RC 阻尼电路

阻尼回路由阻尼电容和阻尼电阻串联而成，阻尼电阻通过水冷管路与散热器相连，采用间接冷却的方式进行散热。阻尼电容和阻尼电阻如图 5-10 所示。

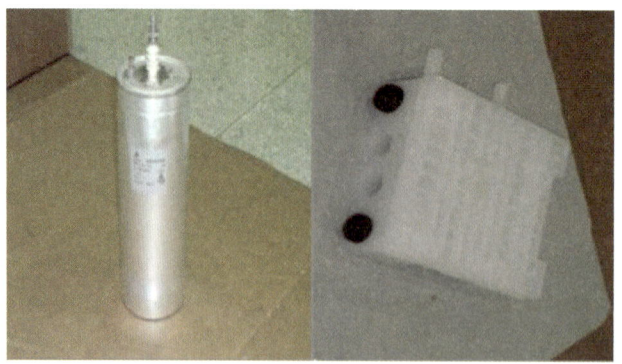

图 5-10　阻尼电容与阻尼电阻

由于晶闸管运行时对温度比较敏感，所以要求散热器具有大的散热面积，散热器内部的冷却液高速流动，将晶闸管运行过程中产生的热量带走，确保晶闸管温度在允许范围内，同时，散热器也是晶闸管电流回路的一部分，图 5-11 为晶闸管散热器的外形图。

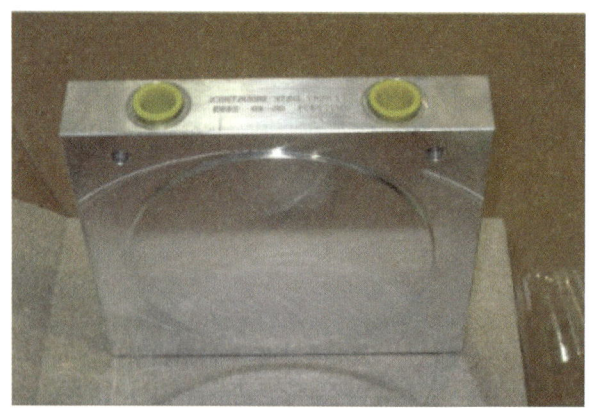

图 5-11　晶闸管散热器

3）直流均压电阻与 TVM 板

采用西门子光触发技术的换流阀组件晶闸管级直流均压电阻直接安装在 TVM 板上，如图 5-12 所示。

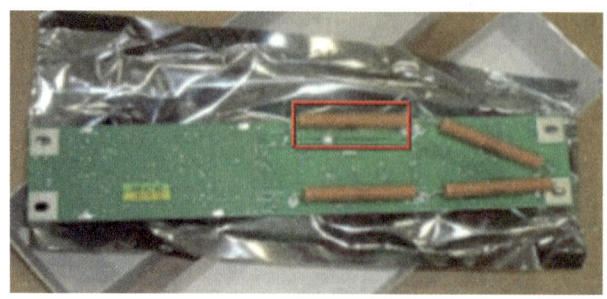

图 5-12　直流均压电阻

直流均压电阻实现了阀段晶闸管硅堆内各晶闸管所承受直流电压的均匀分布功能。

2. 阀段均压电容

每个阀段并联一个均压电容，主要就是用来改善因杂散电容和暂态陡波冲击而造成在阀段间的电压分布不均匀，如图 5-13 所示。

图 5-13　阀段均压电容

3. 饱和电抗器

每个阀组件内每一阀段均串联了一个饱和电抗器，如图 5-14 所示。

图 5-14　阀组件内饱和电抗器

饱和电抗器作用主要有：

（1）晶闸管刚开通的最初几个微秒内，电抗器在小电流下有很大的非饱和电感值，限制了晶闸管电流的上升率。在晶闸管安全开通后，电抗器进入饱和状态，电感值很小。

（2）在晶闸管关断过程中限制 di/dt，降低晶闸管关断时的反向恢复电荷，从而也起到抑制反向过冲的作用。

（3）利用足够的阻尼来阻止电流过零时产生振荡涌流，保护晶闸管。

（4）在冲击电压下起辅助均压作用，使晶闸管免受电压损坏。

5.3 换流阀阀控系统

5.3.1 阀基电子设备

阀基电子设备（VBE）由晶闸管控制与监测、光发射、光接收、反向恢复期保护控制单元 RPU's、供电电源及接口组成。VBE 为互为热备用的冗余系统（系统 A 和 B），采用并行可自动切换的冗余硬件设置。唯一例外的是：晶闸管电压监测板 TVM 返回光接收器的回报信号无冗余。阀内晶闸管级串联冗余时应考虑以上情况。

VBE 屏柜正面及插件箱，如图 5-15 所示。

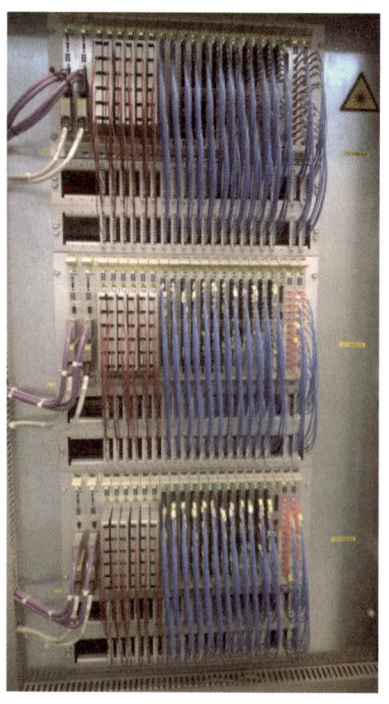

图 5-15　VBE 屏柜正面及插件箱

德宝工程单极单站配置两个 VBE 柜（组合为一体）和一个避雷器检测柜，一个 VBE 柜监测一个六脉动桥（△或 Y），每个 VBE 柜子包括 3 个 VBE 插件箱和一个 CLC 接口和电源。每个插件箱包括两个晶闸管控制与监测 TC&M 板 以及 6 个光发射、12 个光接收板、1 个编程板和 2 个 RPU 控制板。

极控、阀控与阀之间的信号回路总体示意图，如图 5-16 所示。

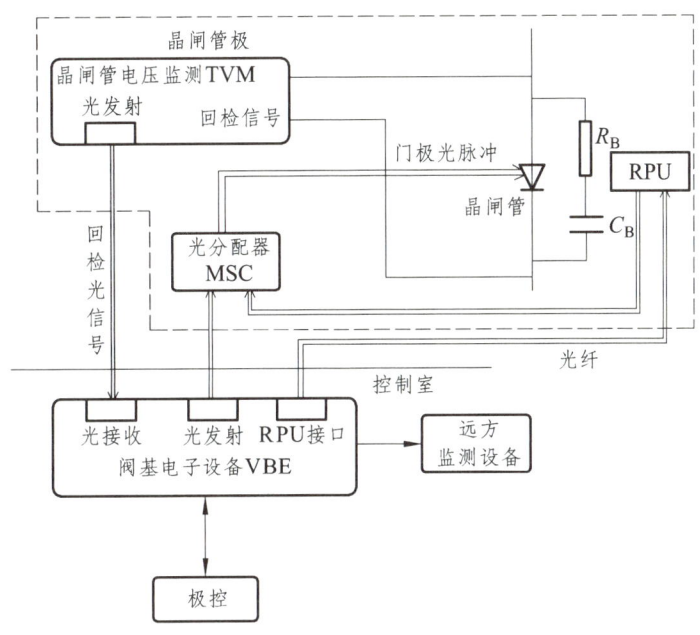

图 5-16 极控、阀控与阀之间的信号回路总体示意图

VBE 系统接收来自极控系统的触发信号、保护动作信号，并通过光发射板经阀组件内光分配器提供每个晶闸管的触发导通信号。每个晶闸管通过 TVM 板监视采集电压信号反馈至 VBE 系统光接收板，实现对晶闸管的监视功能。每个阀段配置一块 RPU 板，每个 VBE 插件箱配置一块 RPU 接口板，实现反向恢复期内阀段晶闸管的监视保护功能。

以一单阀为例，由阀控系统实现对阀的触发导通、关断及监视，其信号回路示意图，如图 5-17 所示。

一个单阀 13 个晶闸管触发信号来自 1 个插件箱内的 3 块光发射板，通过组件内的 MSC 分配到每个晶闸管。每个晶闸管配置一块 TVM 板，将其监视采集的信号通过光纤反馈至 VBE 插件箱内的 6 块光接收板，上传至 VBE A\B 系统。VBE 主控板通过 CLC 板将单阀运行信息上传至 PCP 系统，同时接收 PCP 系统的控制信号。

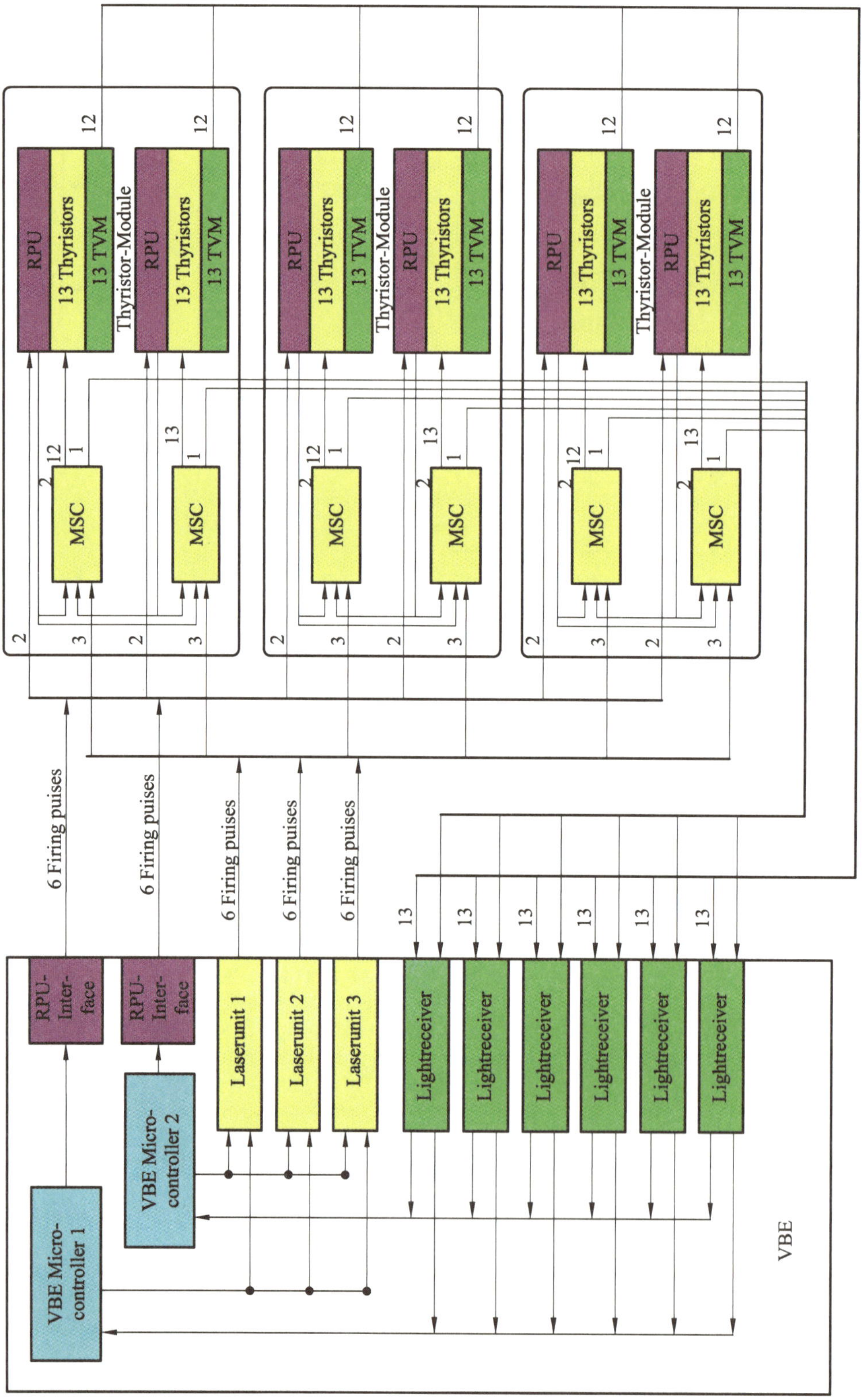

德阳换流站　DEYANG HUANLIUZHAN

图 5-17　单阀信号回路示意图

1. VBE 控制柜插件箱

VBE 控制柜插件箱结构示意图，如图 5-18 所示。

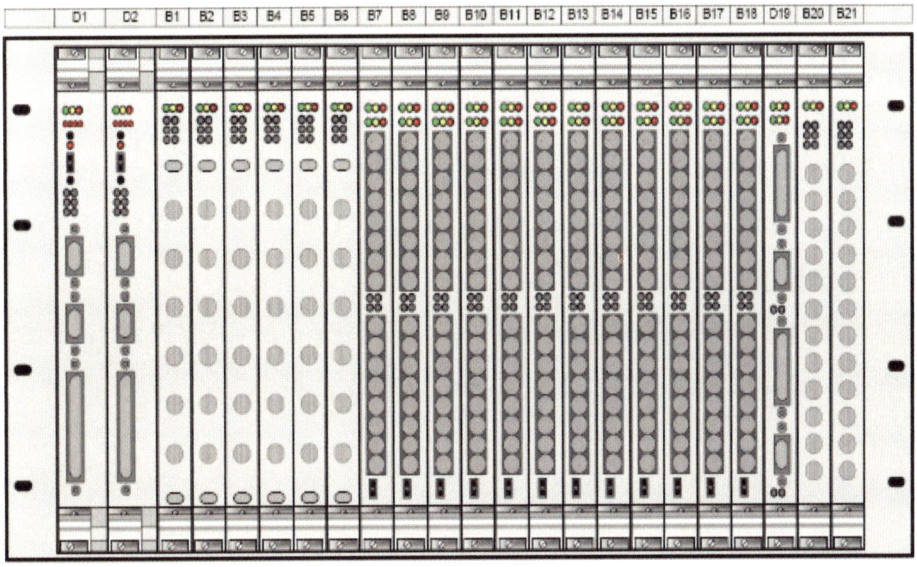

图 5-18　VBE 控制柜插件箱结构示意图

其中插件箱内安装位置代码分别表示：

D1、D2：晶闸管控制和监测板（TC&M）。

B1～B6：光发射板。

B7～B18：光接收板。

D19：编程板。

B20～B21：RPU 控制板。

各板卡实现功能包括：

1）晶闸管控制和监测板（TC&M）

TC&M 接收来自极控制的信号，即触发控制信号，并将这些信号转换成晶闸管触发脉冲和 RPU 保护的控制脉冲。这些脉冲分别通过光发射板和 RPU 控制板转换为光脉冲，然后通过光缆送到每一个独立的晶闸管和 RPU 保护单元。

TC&M 还通过光接收板接收所有晶闸管电压监测板 TVM 的回报信号。各类检测结果通过系统总线 perfibus 传递到控制和保护主控机。运行保护和站控制有关的报警信号也由 TC&M 启动，并通过系统总线送给控制和保护系统。

2）光发射板

光发射板分别从两个冗余的 TC&M 接收触发信号，并将其转换为触发光脉冲。三个激光二极管安装在不同的光发射板上，同时发给一个阀段。三个二极管中的两个就能发出足够的功率，触发相对应阀段的全部晶闸管，为三保二的冗余系统。

3）光接收板

光接收器板接收来自每个 TVM 的回报信号。这些信号并行存入两个独立的锁存器，分别送往 TC&M 系统 1 和系统 2。用来产生触发脉冲和电流过零 EOC 信号，送往极控制和 RPU 控制板。

4）RPU 控制板

收到 EOC 信号后，RPU 控制板立即启动 1 ms 的晶闸管反向恢复期保护区间，通过光缆将该控制信号送往阀上的 RPU 板，在 1 ms 的区间内激活 RPU。

5）编程板

用来在现场更改全部光接收软件的接口板。

2. 阀组件内控制元件

1）光分配器

一个光分配器（MSC）对应一个阀段。MSC 接收三个发光二极管同时发来的触发光信号，并将其均匀分配给 13 个晶闸管，如图 5-19 所示。

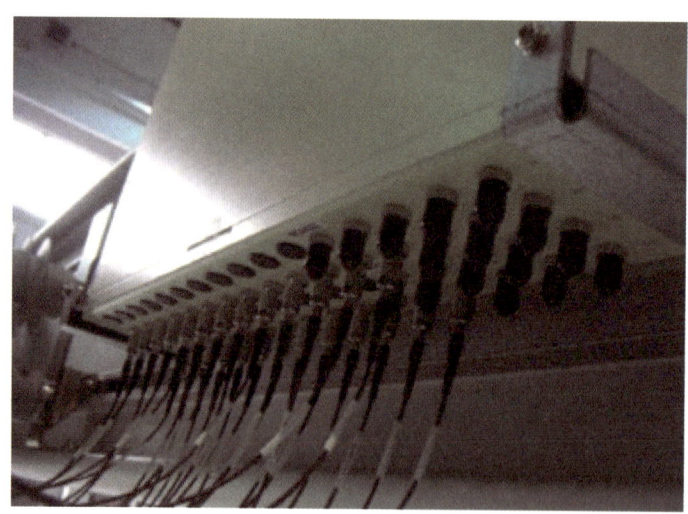

图 5-19 阀组件内 MSC

2）晶闸管电压监测板

阀组件内晶闸管电压监测板（TVM）板如图 5-20 所示。

(1) 每个晶闸管级有一块 TVM 板。TVM 一方面承担阀内串联晶闸管级的直流均压，同时又检测每个晶闸管级以下几种状态：

- 检测晶闸管的阻断能力。
- 检查晶闸管是否建立正向门槛电压（正电压建立）。
- 检查晶闸管电流过零（负电压建立）。
- 检查晶闸管是否由内部集成的过电压保护（BOD）触发。

(2) 检测回报信号。

正向电压门槛探测电路在晶闸管两端电压达 50～70 V 时，发送 6～8 ms 的正电压建立回报信号。

负电压探测电路在晶闸管两端电压达 –170～–150 V 时，发送 2～4 ms 的负电压建立回报信号。

图 5-20 阀组件内 TVM 板

正向电压门槛探测电路在晶闸管两端电压达 6500～7500 V 时，发送 12～15 ms 的 BOD 动作回报信号。

3) 反向恢复期保护单元 RPU

每个由 13 个晶闸管级组成的阀段配有一块 RPU 板，RPU 和均压电容串联连接，如图 5-21 所示。

图 5-21 RPU 和均压电容串联连接

由于冲击均压电容上的高 du/dt 形成电流，RPU 通过一个取样电阻检测该电流，若晶闸管两端的 du/dt 超过允许值，RPU 就产生一个触发光脉冲直接送往光分配器 MSC，使该阀段内所有晶闸管导通。同时该 RPU 还向另一阀段的 MSC 发同样的触发脉冲，使另一阀段同时导通，实现冗余。

4）光缆

阀系统中用到的所有光缆类型如下：

- 从 VBE 到 MSC 的触发脉冲光缆。
- 连接 MSC 到晶闸管的触发脉冲光缆。
- 从 TVM 到 VBE 传输回报脉冲的光缆。
- 连接 VBE 中 RPU 控制到 RPU 的控制用光缆。
- 从 RPU 到 MSC 的 RPU 触发脉冲光缆。
- 检查光发射器板的光缆。
- 从避雷器监测装置到地电位监测柜的连接光缆。
- 漏水检测光缆。

5.3.2　换流阀阀控系统运行模式

1. 预检模式

在预检模式下可以检验阀阻断能力和阀控制功能。当 TC&M 收到极控制发来的转换器断路器打开（converter circuit breaker on）信号且无欠压（under voltage）信号出现时启动预检模式。在晶闸管不触发的情况下，测试晶闸管的阻断能力和晶闸管电压监测板 TVM 的性能。如果晶闸管、对应的 TVM 和光缆正常，当晶闸管电压达到 TVM 板的正向或反向门槛电压时，则周期性地产生从 TVM 到 VBE 的回报脉冲。TVM 板内产生回报脉冲的电容器在取得足够能量时才能发出回报脉冲信号，因此回报脉冲信号可能被延迟。相关的光接收板监测 TVM 的回报信号，供 TC&M 读取。该运行模式不需要电压同步。如果所有的晶闸管都被检测了三次且无故障，TC&M 通过现场总线发出 VALVE CHECK OK 信号至极控制。之后，晶闸管将在线电压的每个周期被监测，预检模式如图 5-22 所示。

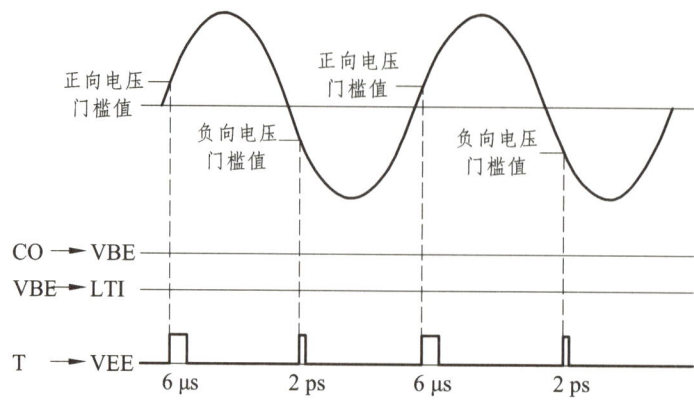

图 5-22　预检模式晶闸管电压波形图

2. 正常运行模式

在正常运行时，极控制发出来确定阀的导通电角度，TC&M 按照这个信号产生触发脉冲，在一个周波内，晶闸管运行电压波形主要分为 4 个阶段，电压波形如图 5-23 所示。

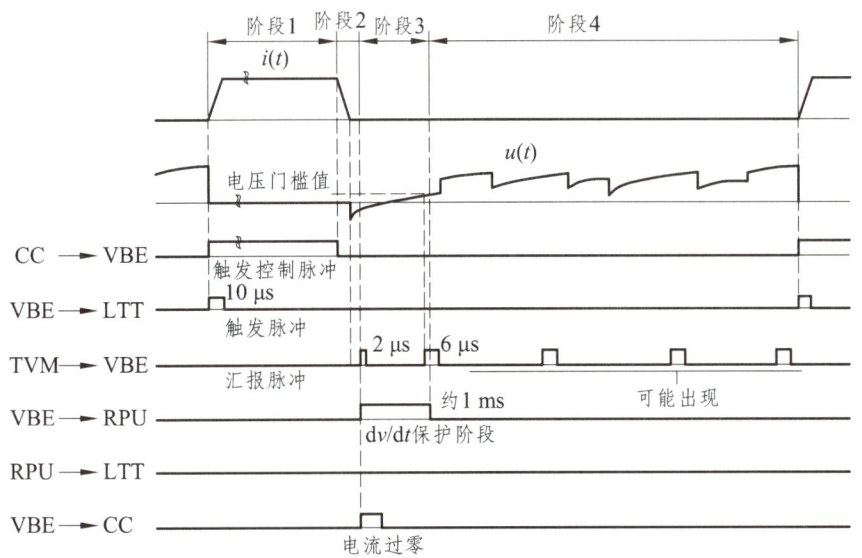

图 5-23　晶闸管正常运行一周波电压波形图

阶段 1：触发准备就绪

晶闸管两端电压如果超过正向门槛电压值，TVM 会发送 6 μs 宽的脉冲信号至光接收板。这个信号表示该晶闸管触发准备就绪，信号被锁存。当 TC&M 检测到极控制发来的触发控制信号（firing control signal）的前沿时发出一个触发脉冲，并通过光发射模块发送到相应的晶闸管。阀内的晶闸管第一个和最后一个被触发之间的延时小于 1 μs。晶闸管两端电压再次超过正向门槛电压值，会产生一个新的触发脉冲使晶闸管开通，该功能在电流断续运行期间是必须的。

1）保护触发

如果来自 VBE 的光脉冲丢失，晶闸管的保护功能使其免受过电压的损坏。集成在 LTT 内的 BOD 器件能在该晶闸管正向电压超过保护值时触发该晶闸管。由于保护触发的晶闸管两端电压不会立即上升到保护值，阀会有一段开通延时因此换流变压器二次线圈会产生一个直流电流分量。为避免变压器过热，单阀保护触发的晶闸管级数限制为 4 个（产生跳闸信号。晶闸管两端的电压超过 7 500 V 时 TVM 将产生 12 μs 宽的脉冲信号。这些 BOD 回报脉冲在 VBE 里进行处理，结果通过现场总线发送到极控制和保护。

2）光发射检测

触发脉冲来自三个冗余的激光管。这些激光管在阶段1内进行功能测试。为此，三个激光管每次单个轮流地发送一个附加光脉冲。通过从 MSC 返回的脉冲信号，TC&M 检查光发射管的状态。

保护触发时的信号时序及检测脉冲时序如图 5-24 所示。

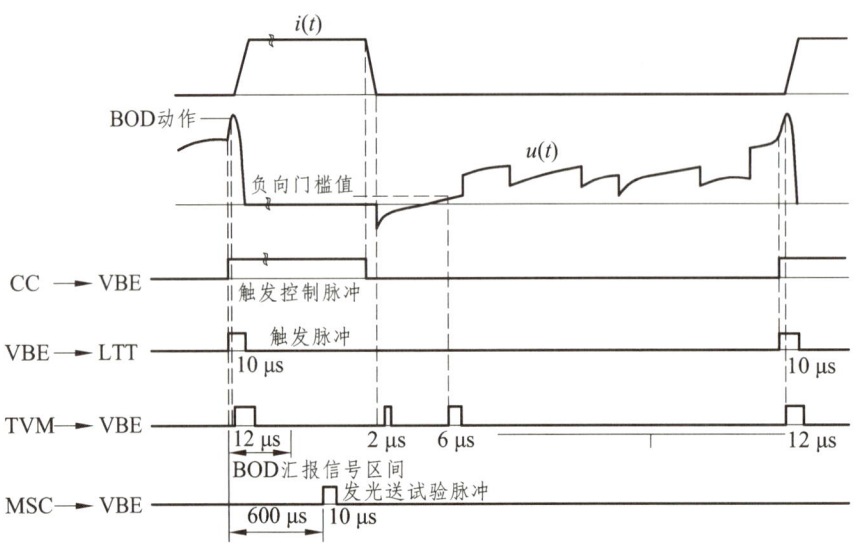

图 5-24　BOD 保护触发及检测脉冲时序图

阶段2：负电压检测

在触发控制信号（firing control signals）下降沿之后阀将退出导通。当晶闸管关断且反向电压低于 −150 V 时，TVM 产生一个 2 μs 宽的回报信号送往 VBE。这个信号的延时取决于串联的晶闸管恢复电荷 Q_{rr} 的流动。为减少这一延时，TC&M 在检测到少数负电压建立回报信号时，即向极控发出阀电流过零信号（end of current signal），同时 TC&M 启动阶段 3。

阶段3：反向恢复期保护

VBE 通过 RPU 接口板发出的控制脉冲启动阀段里的恢复期保护单元 RPU。当晶闸管级的电压上升率超过 100 V/μs，RPU 触发阀段内相关的晶闸管使其免受过高 du/dt 而损坏。这个电压上升率在其余阀段也导致对应的 RPU 触发动作。阶段 3 大约持续 1 ms 之后，TC&M 禁止 RPU 保护，保护时序图如图 5-25 所示。

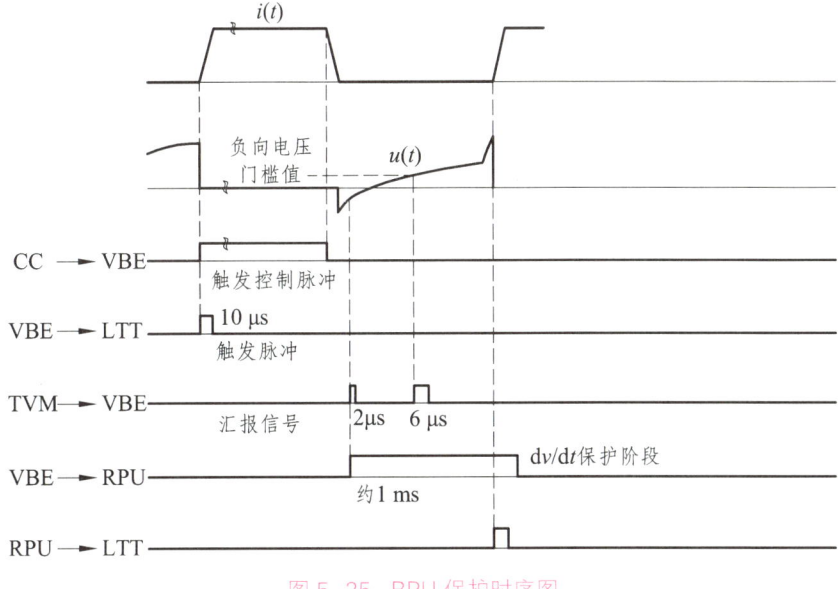

图 5-25 RPU 保护时序图

阶段 4：关断状态

在这个阶段，TVM 可能产生若干和检测无关的回报信号（取决于运行模式）。

5.3.3 VBE 系统报文与报警跳闸信息

1. VBE 正常报文

1) VBE 正常（VBE ready）

当 VBE 系统报 VBE 正常（VBE ready）时，系统表明：

（1）VBE 中控制与监测板（TC & M）D1/D2 正常。

（2）VBE 中直流电源正常。

2) 阀检测正常（valve check ok）

阀内每个晶闸管极均被连续检测三个周波，当确认每个单阀内无晶闸管损坏，或损坏数未超过设计的冗余数三个，发出检测正常信号。

3) 晶闸管监测挂起（暂停）（thyristor monitoring suspended）

表明 VBE 收到了由控制系统发来以下信号之一：

（1）欠电压信号（under voltage）。

（2）投旁通信号（bypass）。

（3）系统切换（act/passive）。

在上述工况下，阀上 TVM 板无法确保回报信号的正确性而产生误报。因此，晶闸管监测系统暂停（挂起），该信号仅为状态说明，无任何控制保护功能。

2. VBE 的报警和跳闸

1）VBE 直接启动的跳闸信号

（1）单阀中损坏的晶闸管数超过 4 个。

报文为：阀号，晶闸管已无冗余，跳闸。

（2）单阀中 BOD 保护动作的晶闸管超过五个。

报文为：阀号，BOD 保护触发超过允许数，跳闸。

2）VBE 故障报文

VBE 故障报文只由且仅由 VBE 中 act 系统报出，不启动跳闸，只启动切换逻辑。

（1）系统 1 或系统 2 的晶闸管控制与监测板（D1/D2）故障。

报文为：VBE 系统 1 或系统 2 故障。

（2）VBE 监测到某个或多个触发脉冲（FCS）连续丢失三个周波。

报文为：阀号，触发脉冲丢失（故障）

（3）光发射故障：光发射面板 H1 红灯亮。

报文为：接插件箱号（A1～A6），光发射板编号（B1～B6），发光孔位（U1～U6），故障。

（4）VBE 柜系统 1 或系统 2 电源故障。

报文为：VBE 系统 1 或系统 2 电源故障。

3）VBE 故障的 act 系统切换

VBE 故障的 act 系统启动切换逻辑，转入备用系统，若故障状态仍不消失，则表明可能存在以下故障：

（1）系统 1 和系统 2 的 D1，D2 板同时故障。

（2）三保二的冗余发光系统中已有两路同时故障。

（3）丢脉冲现象仍然存在。

（4）系统 1 和系统 2 电源同时故障。

此时，VBE 启动跳闸逻辑。

第6章 阀水冷系统

晶闸管换流阀是换流站的核心元件，换流站晶闸管的额定电流很高，正常运行时，大电流产生高热量，导致晶闸管温度会急剧上升，如果不对晶闸管进行有效冷却，晶闸管将被烧坏。阀冷却系统是一个密闭的循环系统，它通过冷却介质的流动带走晶闸管阀消耗功率所产生的热量。

6.1 阀内水冷系统

德阳站内冷系统为高澜公司生产，设计为水冷系统，采用的冷却介质为纯水。恒定压力和流速的冷却水源源不断流经阀外冷设备进行热交换，散热后再进入换流阀带走热量，温升水回至阀塔主水管道的出口。当环境温度较低和换流阀体低负荷运行或零负荷时，为防止换流阀结露，电加热器对冷却水温度进行强制补偿。

为适应大功率电力电子设备在高电压条件下的使用要求，防止在高电压环境下产生漏电流，冷却介质必须具备极低的电导率。因此在主循环冷却回路上并联了去离子水处理回路。预设定流量的一部分冷却介质流经离子交换器，不断净化管路中可能析出的离子，与主循环回路冷却介质在高压循环泵前合流。与离子交换器连接的补液装置和与高位水箱连接的稳压系统保持系统管路中冷却介质充满及隔绝空气。

系统中各机电单元及变送器由 PLC 自动监控运行，并通过 OP 操作面板的友好界面实现人机的即时交流。系统运行参数和报警信息条即时传输至主控制器，并可通过主控制器远程操控阀冷系统。

高澜技术的阀冷却系统具有如下特点：设置自动补水回路，由控制系统根据高位水箱水位自动启动补水，可靠性较高；关键表计如内水冷进阀温度传感器，采用三重化配置，保护采用三取二逻辑，动作可靠；每个双重阀塔顶部总进水管处设置蝶阀，减小阀塔内水回路故障检修的排水量，提高检修工作效率；主水回路加热器统一设置在脱气罐中，减小内冷水高速流动时对电加热器的强烈冲击，降低加热器的故障率；主循环泵采用双路独立动力电源供电，保证了主循环泵运行的可靠性；控制回路、信号回路电源采用双重化配置，大大降低了设备故障率。

6.1.1 阀内水冷系统主循环冷却回路

主循环冷却介质在主循环泵动力作用下，通过阀外冷设备，流经换流阀，带走热量，然后直接回流主循环泵入口。换流阀通过主循环冷却回路带走热量，实现连续冷却的功能，内水冷系统主水管路如图6-1所示。

图6-1 阀水冷间内水冷系统主水管路

主要设备包括：主循环泵（P01/P02）、主过滤器（Z01）、电加热器（E01/E02）、电动三通阀（K001/K002）、电动蝶阀（V006/V007）、脱气罐（C31）。

主循环泵如图6-2所示。

图6-2 阀内冷水主循环泵

主循环泵泵体为 KSB 公司生产的 Etanorm SYA 100-250 型泵体，主循环泵电机为 ABB 公司生产的 M2QA28OS2A 型 75 kW 电机。

水处理去离子回路是并联于主循环回路的支路，主要由混床离子交换器及相关附件组成，对主循环回路中的部分介质进行纯化，通过对冷却水中离子的不断脱除，达到长期维持极低电导率的目的，去离子水处理回路及补水回路如图 6-3 所示。

图 6-3　去离子水处理回路及初水回路

离子交换树脂采用进口核级非再生树脂，吸附容量大、流速高，专用于微量离子的去除。去离子水流量在系统正常运行时为设定值。当电导率变送器检测到高值时，发出报警信号，提示更换离子交换树脂。离子交换器设一用一备，当其中一台的树脂失效时，手动切换至另一台运行，同时更换失效树脂，更换时不影响系统运行。

去离子流量开关（FIS03）监视回路流量，去离子电导率变送器（QIT03）监视树脂是否失效。主要设备包括：离子交换器（C01/C02）、精密过滤器（Z11/Z12）。

补水回路可以实现内水冷系统在线补水功能，主要设备包括：原水罐（C21）、补水泵（P11/P12）及原水泵（P13）。

6.1.2　阀内水冷系统控制系统配置

对实时性要求较高的远程控制信号和阀冷系统报警信号，阀冷系统通过开关量接点与换流阀直流控制与保护系统（以下简称上位机）进行通信。对于阀内冷输出的保护信号（跳闸和阀内冷控制系统故障），通过开关量接点直接输出到外部停机接口屏（VSC屏）；对信息量较大的在线参数、设备状态监测及阀冷系统报警信息报文，阀冷系统通过4路Profibus总线与上位机进行通信，实现与上位机交叉连接，阀内冷控制系统作为子站直接与上位机主站进行通信；另按要求阀冷系统单独输出两路模拟量信号至上位机，冗余控制器的系统结构如图6-4所示。

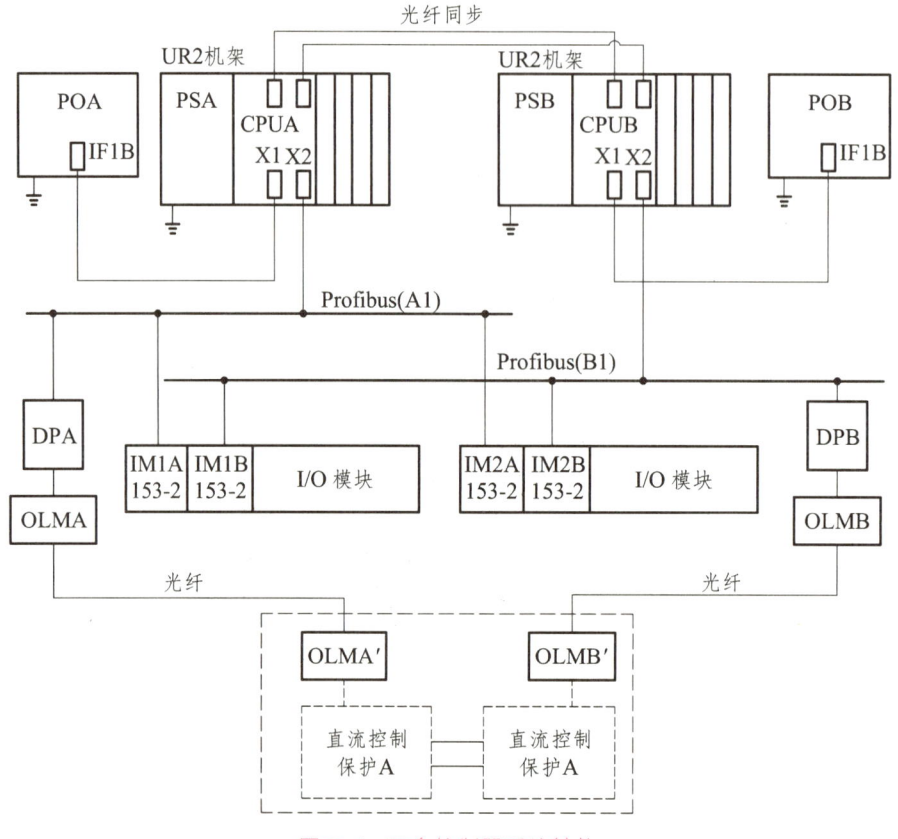

图6-4 冗余控制器系统结构

1. PLC及输入输出模块

PLC是阀冷系统控制与保护的核心元件，选用西门子S7-400H系列PLC、CPU及I/O模块均冗余配置，两个CPU配置同步模块通过光缆连接，实现CPU硬件冗余。S7-400H采用热备用模式的主动冗余原理，发生故障时，无扰动地自动切换，无故障时两个子单元都处于运行状态，如果发生故障，正常工作的子单元能独立完成整个过程的控制，即：若开始时，A系统为主，B系统为备用，当主系统A中的任何一个组件出错，控制任务会自动切换到备用系统B当中执行。这时，B系统为主，A系统为备用，这种切换过程是包括电源、CPU、通信电缆、IM153接口模块和I/O模块的整体切换。S7-400H系列CPU外形如图6-5所示。

两套独立的 S7-400H PLC 系统均能够实现：

（1）主机架电源、背板总线等冗余。

（2）PLC 处理器冗余。

（3）Profi bus 现场总线网络冗余（包括通信接口、总线接头、总线电缆的冗余）。

（4）ET200M 站的通信接口模块 IM153-2 及所有 I/O 模块的冗余。

双 PLC 站同时采样，同时工作，但只有一站在激活状态；如果工作中的 PLC 站发生故障（包括 CPU STOP、总线不通、接口模板故障、输入/输出模板故障），则硬切换至另一站并激活该站，同时在程序中将故障 CPU 状态强制为 STOP，截断故障 CPU 对模板的输出控制。双 PLC 站均故障时，发出阀冷控制系统故障（停运直流系统）信号。

图 6-5　S7-400H 系列 CPU 外形图

2. 采样仪表

阀内冷系统采样仪表通过现场显示、与 PLC 连接和反馈，实现了阀内冷系统的监视、控制、报警及保护功能。采样仪表可分为 3 类：

（1）现场指示信号。

（2）开关量信号。

（3）4～20 mA 模拟量信号。

PLC 接收并直接处理现场开关量信号。PLC 接收现场变送器 4～20 mA 信号并显示其参数在线值。如果 PLC 接收到现场变送器的超量程读数，将发出各变送器故障的报警信号。

3. 操作模式

阀内水冷控制系统操作分为手动模式\停机模式\自动模式 3 种模式，通过操作面板与急停钥匙钮实现。无论阀冷系统处于何种操作模式，OP 面板上的在线值显示、参数设定及故障信息都能够正常工作。系统未启动时，与流量、压力有关的报警不输出。

1）手动模式

（1）操作面板选择手动模式，阀冷系统处于手动操作模式。

（2）所有机电单元的启停、开关等手动操作通过 OP 面板完成。

（3）手动模式一般在系统检修维护及调试时采用。

2）停机模式

（1）停机模式只有在阀冷系统停运时（主循环泵停运状态下）才有效。

（2）停机模式用于系统检修时使用，系统停运后通过操作停机按钮，系统进入停机状态，远程启动、就地自动启动、手动启动均失效。

（3）主循环泵运行时，操作停机按钮主循环泵不停运，系统正常运行，无任何影响。

3）自动模式

（1）自动操作模式下，阀内冷系统既可接受 OP 就地启停指令，也可接受上位机远程启停水冷指令。远程启停指令优先，即上位机通过远程启停指令可接管对水冷系统的控制，远程启动水冷后 OP 就地停止水冷命令失效。

（2）自动启动后，阀内冷系统根据整定参数监控阀冷系统的运行状况和检测系统故障。PLC 阀内冷系统参数的超标将及时发出预警，当参数严重超标有可能影响被冷却器件运行安全时自动发出跳闸警报。

（3）自动运行模式下，主循环泵、电加热器、电动三通阀等由 PLC 根据实际工作条件进行自动控制，此时各设备在 OP 手动启停按键无效。

6.1.3　阀内水冷系统保护动作逻辑

1. 主泵电机切换与保护动作逻辑

1）两台主循环泵自动切换逻辑

P01 主泵连续无故障工频运行 168 h 后，启动主循环泵自动切换逻辑。P02 主泵变频投入运行同时 P01 主泵停止，P02 主泵变频启动 5 s 后，P02 主泵停止运行 2 s，P02 主泵再切入工频连续运行。以 P01 主泵运行为例，切换逻辑如图 6-6 所示。

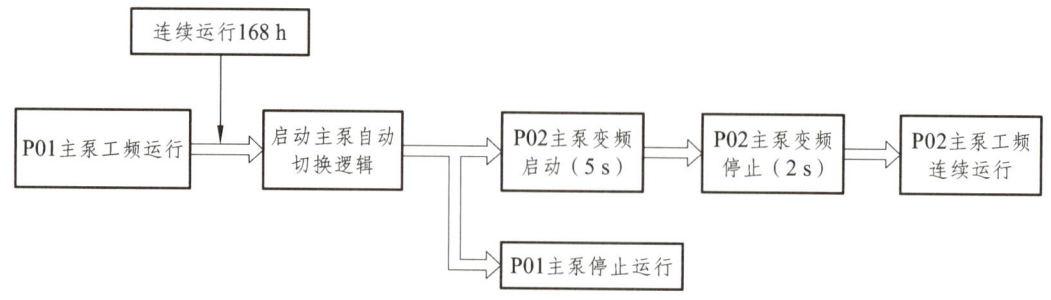

图 6-6　两台主循环泵自动切换逻辑

2）阀冷系统故障切泵流程

当前泵工频运行时，当阀冷系统出现以下故障时，系统均自动切换到备用泵变频运行，同时当前泵停止。故障情况包括：

（1）主泵出水压力低报警：阀冷系统主循环泵出口设置两台压力变送器，当任意一台压力变送器测量值低于保护定值时，延时3 s后，控制系统报出"主泵出水压力低"报警。

（2）主泵过热报警：主循环泵轴承设置PT100热敏电阻实时进行温度检测，当温度传感器检测值超过95℃时，延时2 s后，控制系统报出"主循环泵过热"报警。

（3）主循环泵故障报警：主循环泵变频回路设置断路器保护、变频器自身保护。当断路器脱扣或变频器故障报警时，延时500 ms后，控制系统报出"主循环泵变频回路故障"报警；主循环泵工频回路设置断路器保护和热继电器保护，当断路器脱扣或热继电器动作时，延时500 ms后，控制系统报出"主循环泵工频回路故障"报警。

（4）主循环泵安全开关未合：主循环泵动力回路设置就地检修安全开关，当检修安全开关被断开时，延时500 ms后，控制系统报出"主循环泵安全开关未合"报警。

（5）站用电400 V电源故障：P01主循环泵接在Ⅰ段母线上，P02主循环泵接在Ⅱ段母线上，如：P01泵运行时，Ⅰ段母线电源失电，延时500 ms后，控制系统报出"1#交流电源故障"报警，同时主循环泵切换至备用泵运行。

（6）主循环泵故障为较高级别报警，如：当P01泵过热到换到P02泵运行，当P02泵故障报警，则切换回P01过热泵运行。

（7）水泵的两路控制电源故障立即切换主泵。

切换逻辑如图6-7所示。

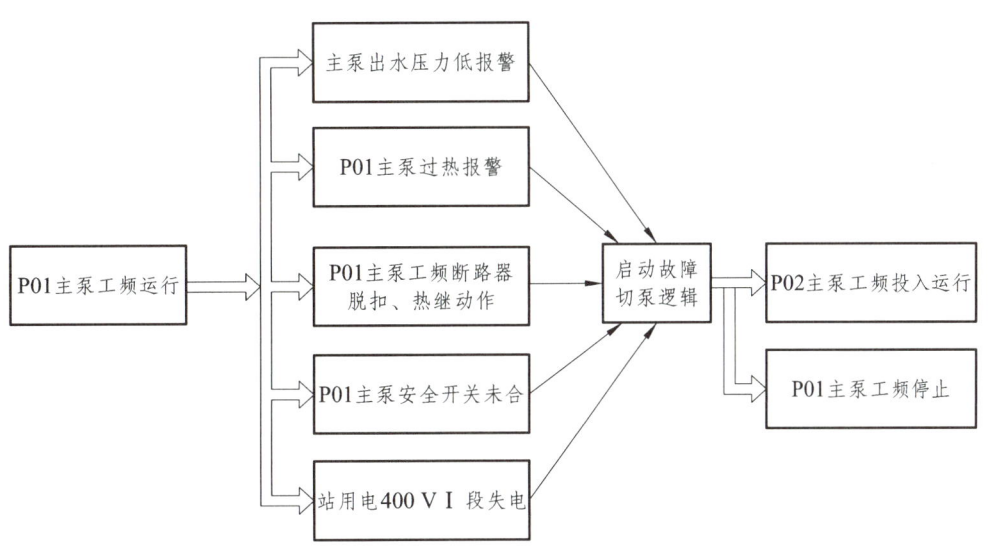

图6-7 两台主循环泵故障切换逻辑

3）两台主泵工频运行变频后备

当前主泵 P01 处于工频运行状态，当 P01 主循环泵工频运行过程中出现故障时，P02 主泵工频投入运行同时 P01 主泵工频停止；当 P02 主循环工频故障时，P01 主循环泵变频运行同时 P02 主泵工频停止。当 P01 主循环泵变频故障时，P02 主循环泵变频投入运行同时 P01 主泵变频停止；当 P02 主循环泵变频故障时，两台主泵停运。切换逻辑如图 6-8 所示。

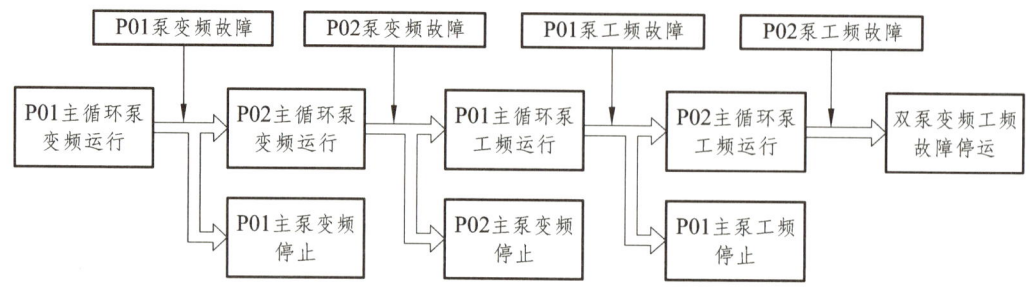

图 6-8　两台主循环泵工频运行变频后备逻辑

4）主循环泵切换失败回切流程

当前主泵连续工频运行 168 h 后需要自动切换至备用泵运行，当控制系统切换至备用泵运行失败时，控制系统检测出"主泵出水压力低"报警后回切到原运行主泵工频运行，切换逻辑如图 6-9 所示。

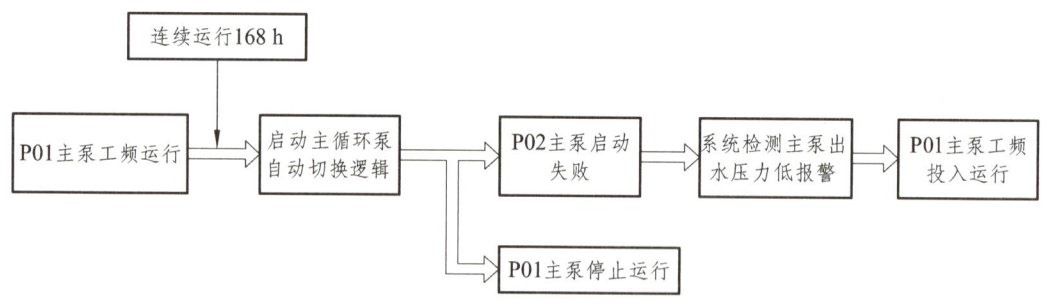

图 6-9　主循环泵切换失败回切流程

2. 阀内水冷系统保护动作跳闸逻辑

为确保阀内水冷系统安全、可靠运行，在出现故障时能正确及时动作，阀内水冷系统根据运行工况、设备仪表配置情况、参数选择，设计了温度、液位、压力及流量、控制系统故障相关保护动作跳闸逻辑。

1）温度保护逻辑

在主水管道配置有 3 只冷却水进阀温度表，参与温度保护逻辑，如图 6-10 所示。

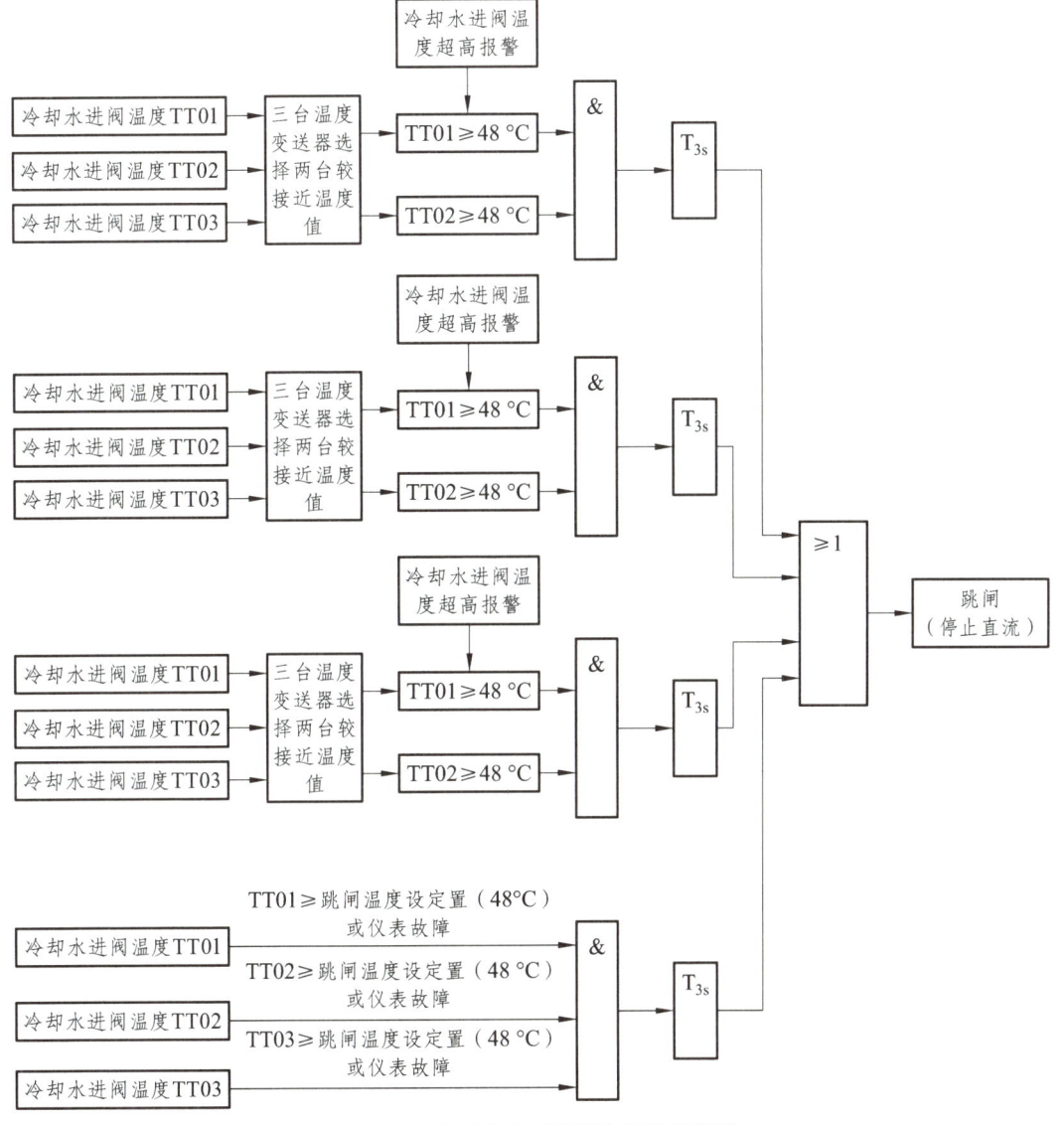

图 6-10 阀内水冷系统温度保护逻辑图

2）流量压力保护逻辑

阀内水冷系统同类型流量、压力值不单独作用于保护跳闸逻辑，但不同类型流量、压力值采用 "&" 逻辑作用于动作跳闸，如图 6-11 所示。

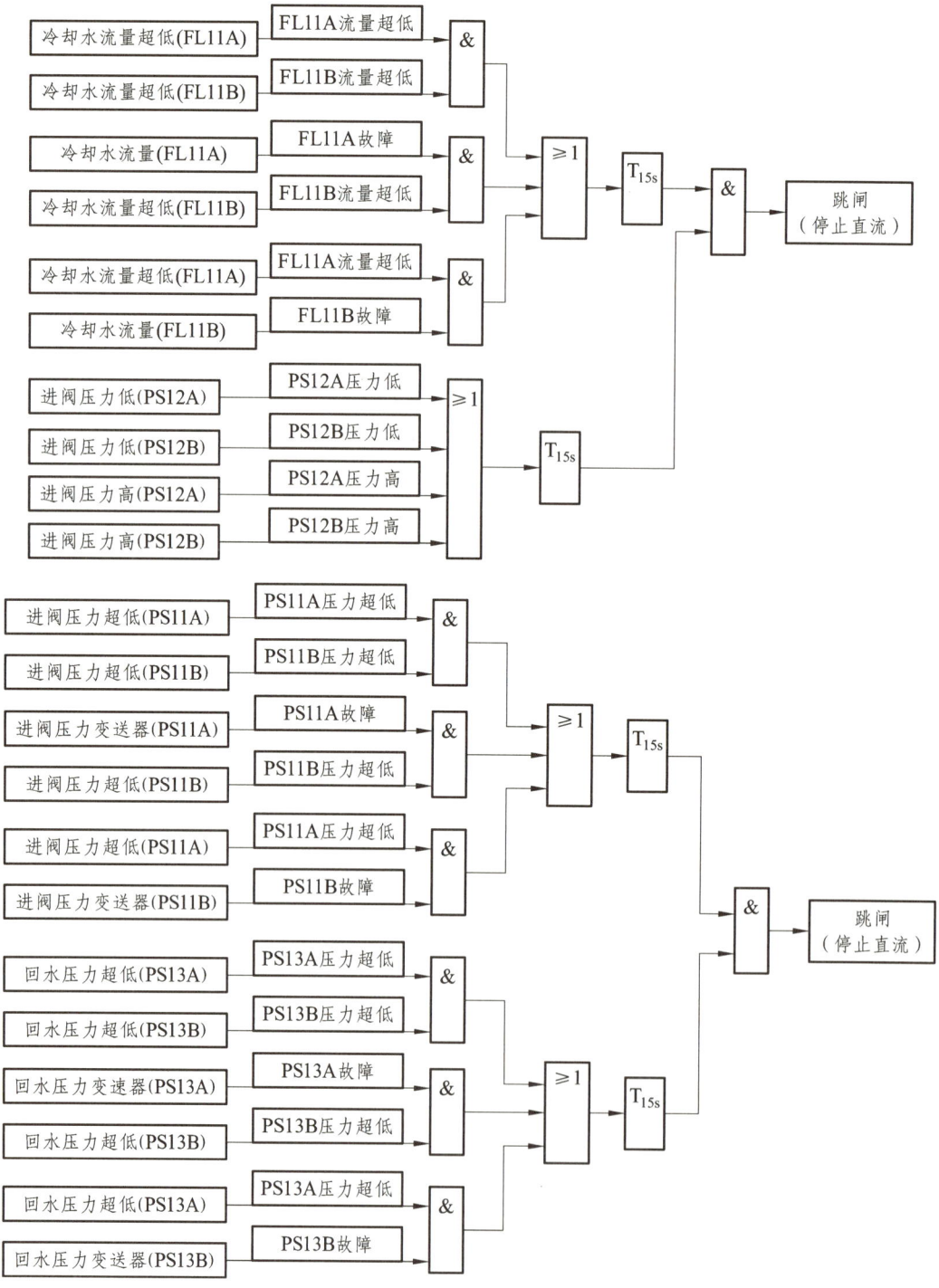

图 6-11 阀内水冷系统流量压力保护逻辑图

3）液位保护逻辑

阀内水冷系统高位水箱配置有 3 只液位计，包括两只电容式液位传感器、一只磁翻板液位开关参与保护跳闸逻辑，如图 6-12 所示。

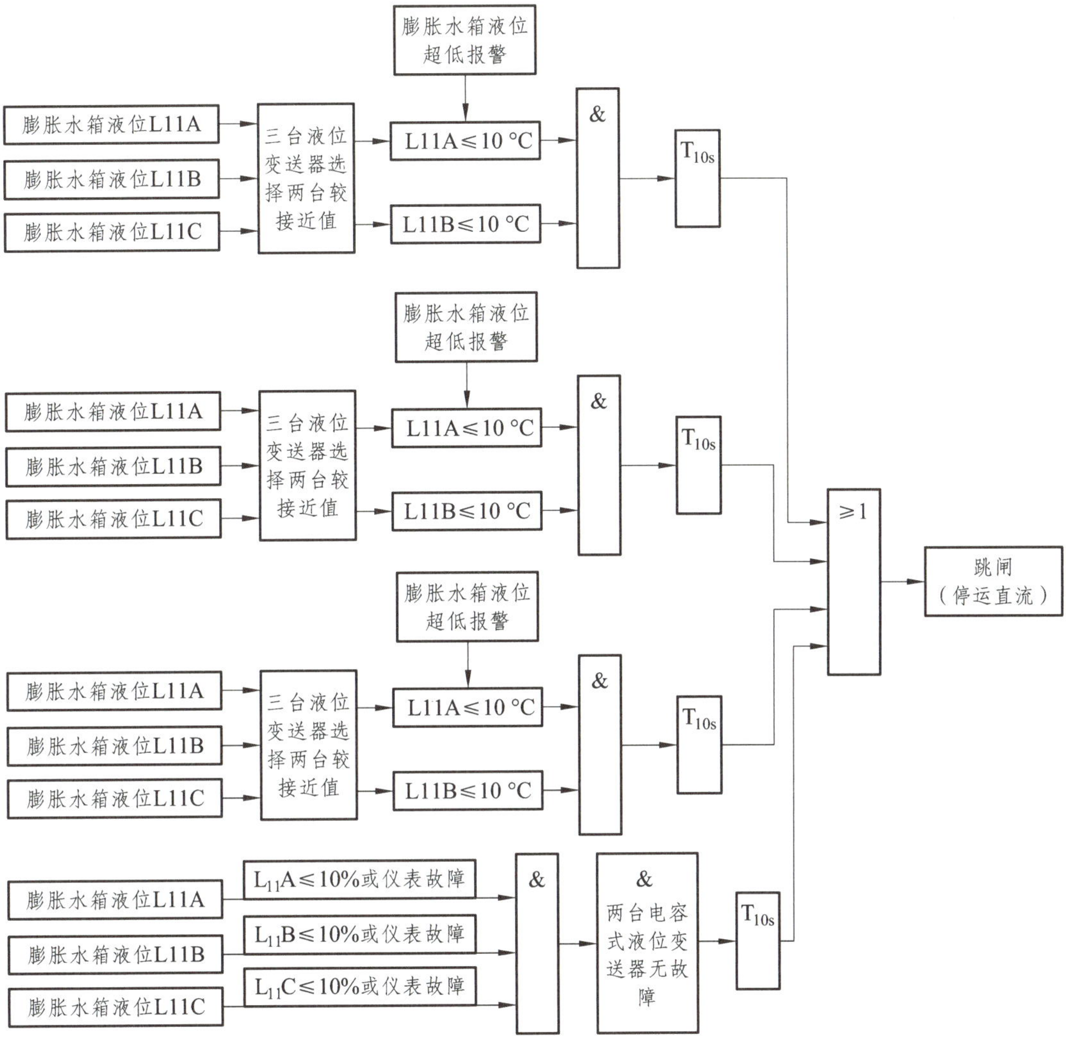

图 6-12 阀内水冷系统液位保护逻辑图

4）控制系统保护逻辑

阀内水冷控制系统双 CPU 故障并不会直接引起保护跳闸，系统要检测到相关电源故障信息后才会出口动作，保护逻辑如图 6-13 所示。

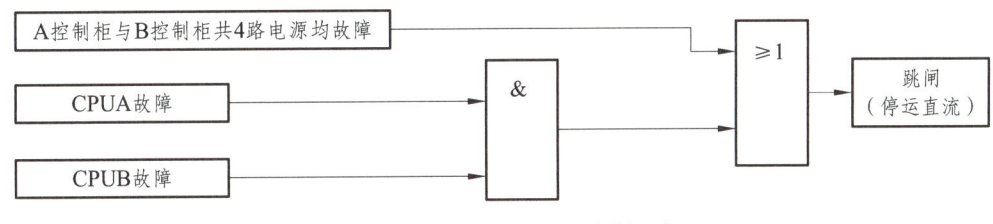

图 6-13 阀内水冷控制系统保护逻辑图

6.2 阀外水冷系统

内冷却介质在晶闸管换流阀内吸热升温后，由主循环泵驱动进入室外密式蒸发型冷却塔内的换热盘管。喷淋泵从室外地下水池抽水均匀喷洒到换热盘管表面，喷淋水吸热后形成水蒸汽通过风机排至大气。在此过程中，内冷却介质冷却降温后再由主循环泵送至换流阀，如此周而复始地循环。与内水冷系统实现热量交换，并将热量散发到大气中的系统，称为外水冷系统。

外水冷系统主要由闭式冷却塔、喷淋泵组、地下水池、软化水装置、自动反洗过滤器、旁路过滤装置、加药系统这几个部分构成。设备通过 PLC 系统实现自动控制，结构示意如图 6-14 所示。

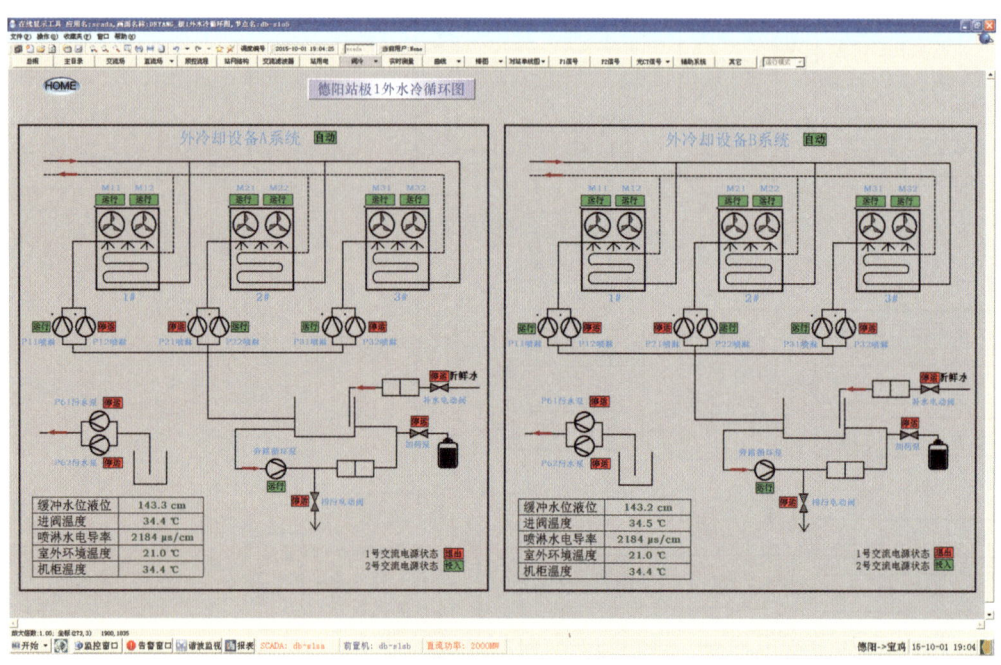

图 6-14 外水冷系统结构示意图

6.2.1 阀外水冷系统主回路

两个阀厅有两个完全相同且相互独立的阀冷却系统，阀冷却系统室外换热设备采用闭式冷却塔，每个阀冷却系统均使 3×50% 容量的冷却塔作为其室外换热设备。

一般情况下，三台冷却塔均投入运行，如某台冷却塔发生故障退出运行，则另两台冷却塔将提高其冷却风机的转速以确保冷却效果。

冷却塔布置在室外，紧靠控制楼，为了保证冷却塔喷淋水的稳定性和可靠性，室外将设置一大约能储存 24 h 用水量的地下水池。

每台冷却塔设置 2×100% 喷淋水泵，布置在阀冷设备间泵坑内。

由于蒸发式冷却塔内的换热盘管表面温度较高,为了防止喷淋水在盘管外表面产生结垢现象,补充水进水池之前通过软水器来软化水质。因喷淋水不断蒸发,水池内水的杂质浓度必然升高,为了改变这种状况,系统设置旁路循环泵和砂过滤器以维持水池内的洁净程度,此外水池内的水进行补充的同时还必须排掉一部分水,以维持喷淋水的水质。系统还设置加药装置、阻垢装置,用于系统的杀菌灭藻、缓解结垢处理。

在冬季,当阀冷系统停运时,为了防止室外设备及管道内的水结冰,在闭式循环冷却水中将加入防冻液(乙二醇)以提高水的冰点温度,加入的乙二醇的比例为33%,采用此措施后,即使循环水泵不运行,室外设备及管道内的水也不会产生结冰现象。

1. 闭式冷却塔

每套阀外冷系统共设置3台FXV-Q440MM型闭式冷却塔。选择两台该类型闭式冷却塔的冷却容量为5 200 kW,即使三台中的一台退出冷却系统,仍可满足系统的冷却需要。

闭式冷却塔作为外冷系统中最重要的部件之一,其本体包括:换热盘管、PVC换热层、动力传动系统、水分配系统、检修门及检修通道、集水箱、底部滤网等,如图6-15所示。

图6-15 闭式冷却塔

2. 喷淋泵泵组

喷淋水泵选用GRUNDFOS CL40101/160L-11kW/4型卧式离心优质水泵。每台闭式冷却塔均配置两台喷淋水泵,一用一备,定期切换,每台水泵均为100%的容量,不锈钢316材质,互为备用,投运后定期自动切换或故障自动切换,喷淋泵泵组如图6-16所示。

图 6-16 喷淋泵泵组

3. 旁路过滤系统

喷淋水反复不停的经过密闭式冷却塔，同时密闭式冷却塔风扇将新鲜空气吸入密闭式冷却塔，空气经过散热盘管、集水器和喷淋水交叉流动，对喷淋水又起到了冷却的作用，但是同时也将空气中的杂质和菌类物质带进了喷淋水中。混有杂质的喷淋水又回流到缓冲水池，缓冲水池将会不停的累积从空气中带进的杂质，空气中的生物藻类也会在缓冲水池底部或边沿滋生。

为了避免杂质过多、菌类滋生，缓冲水池的水通过旁路循环管道进行过滤。

旁路过滤系统主要由：砂滤器、旁路循环泵、排水阀、加药系统组成。砂滤器及旁路循环泵如图 6-17 所示。

图 6-17 砂滤器与旁路循环泵

4. 软化水再生装置

全自动软水器主要由三部分组成：集中控制系统、离子交换器及再生系统。

全自动软化水装置采用双台配置,根据补水量的大小可以双台同时工作,或一用一备。出水水质硬度可达到≤10 mg/L,这作为防止喷淋水结垢的第一道把关措施。软化水再生装置如图6-18所示。

图6-18 软化水再生装置

树脂罐软化水处理工作原理如图6-19所示。

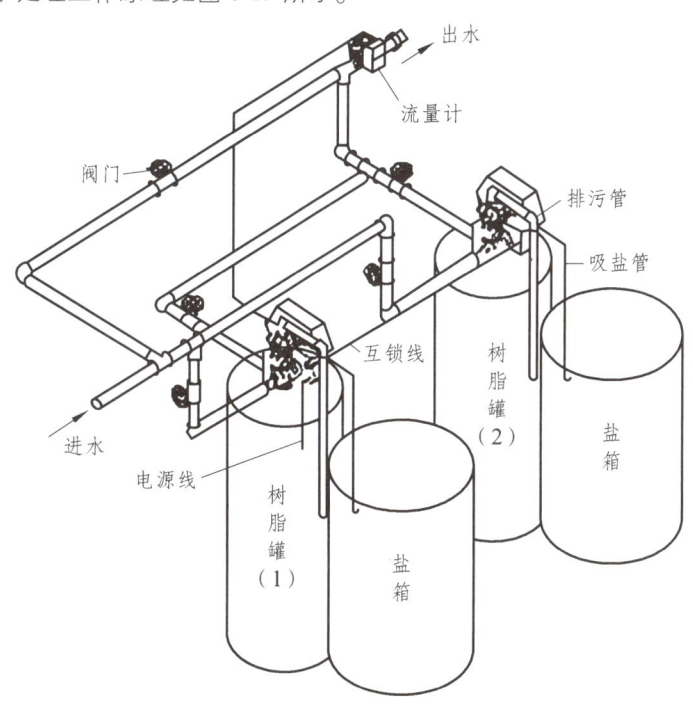

图6-19 树脂罐软化水处理工作原理

树脂罐进出水流向为:硬水经过控制阀进入树脂罐,经树脂层处理的水通过底的补水器,进入沿着中心升降管向上,再通过控制阀流出。

5. 阻垢系统

由于自来水中含有碳酸钙镁,经冷却塔水分蒸发后,这些碳酸钙镁等易吸附在冷却塔盘管上,形成结垢,长期后会严重影响散热效果,故加入了阻垢装置。整套装置由控制柜 PLC 根据探头测得的水质数据,控制计量泵往蓄水池中注入药剂。阻垢装置如图 6-20 所示。

图 6-20 阻垢装置

6.2.2 阀外水冷控制系统配置

1. 控制单元

控制单元处理器是整个阀外水冷系统控制与保护的核心元件,本系统仍选用的是西门子 S7-400 系列 PLC,CPU 及 I/O 模板、通信模板均采用冗余配置。控制系统结构如图 6-21 所示。

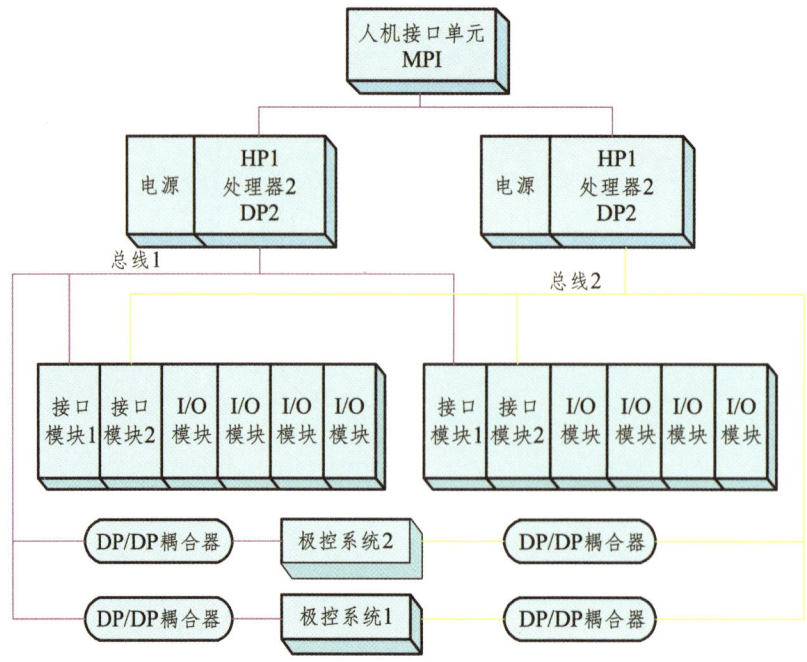

图 6-21 控制系统结构

1）CPU 冗余配置

CPU 采用冗余配置，两个 CPU 通过光缆连接，实现 CPU 硬件冗余和实时数据交换。CPU 采用热备用模式的主动冗余原理，发生故障时，无扰动地自动切换。无故障时两个子单元都处于运行状态，如果发生故障，正常工作的子单元能独立完成整个过程的控制。

2）通信冗余配置

控制系统中 CPU 与 I/O 模块及极控系统的通信均采用冗余配置，且 CPU 和 I/O 模块通过 Profibus 通信接口交叉连接。其中处理器 1（CPU）分别与 1 号和 2 号冗余 I/O 单元通过接口模块 1 连接，处理器 2（CPU）分别与 1 号和 2 号冗余 I/O 单元通过接口模块 2 连接，这种连接方式的好处是，至少有 1 个处理器和 1 个 I/O 单元正常系统即可正常运行（处理器 1 和 I/O 单元 1，处理器 1 和 I/O 单元 2，处理器 2 和 IO 单元 1，处理器 2 和 I/O 单元 2，这 4 种配置运行方式中有 1 种配置正常即可）。

3）I/O 冗余配置

系统中所有的 I/O 通道都采用冗余配置，包括数字量输入，数字量输出，模拟量输入，模拟量输出冗余。

（1）数字量输入冗余。

数字量输入采用 1 路信号输入到 2 个 I/O 单元的冗余通道。具体连接示意如图 6-22 所示。

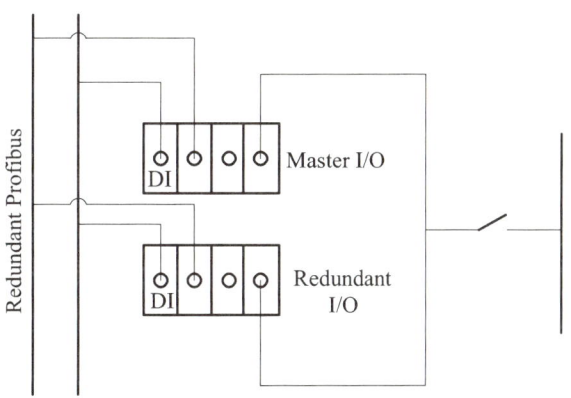

图 6-22 数字量输入

信号识别的原理为：在运行的过程中，首先检查冗余通道的输入信号是否一致，如果数值一致，则统一的数值将被识别。如果存在差异，则最近的匹配值将被认为是正常的，如果超出一定的时间后（1 s）仍然不一致，则将故障告知中央处理单元，由中央处理单元进行故障报告并通知运行人员进行处理。

故障后信号识别原理：当其中一个信号发生变化时，则发生变换通道的信号将被认为是正常的,另一个通道的信号被认为是无效信号,直到故障解除后该通道的信号才自动被认为是有效信号。

(2)数字量输出冗余。

通过并行连接两个数字量输出模块可以实现执行器的冗余控制。2个冗余输出模块经二极管后,连接到中间继电器模块然后再连接到执行机构。采用中间继电器的好处是,可以驱动各种信号的机构,且驱动能力不受数字量输出模块的驱动能力限制。该冗余方式中,1个数字量输出模块故障不影响最终的输出,对于重要的控制回路,输出继电器采用一对一输出的方式。连接示意如图 6-23 所示。

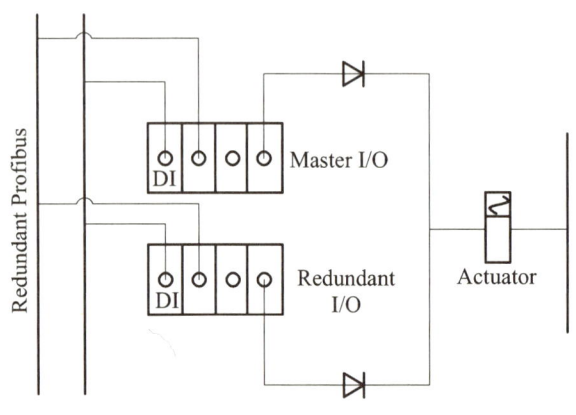

图 6-23 数字量输出

(3)模拟量输入冗余。

模拟量信号的测量由 2 个冗余模块和被检测模块构成电流回路,直接测量电流信号,同时在每个冗余模块的检测端并联二极管。这种电流检测方式的好处是:基本不存在干扰,且当有一个模块故障时(或出现断线),有二极管构成回路,不影响另一个冗余模块的测量。这种接线电路指定的二极管有最大 1μA 的反锁电流所导致的基本测量误差,在 20 mA 的范围误差小于 0.5%,模拟量输入如图 6-24 所示。

(4)模拟量输出冗余。

用并行的两个模拟量输出模块的两个输出实现对一个执行机构冗余控制输出,模拟量输出模块采用电流输出(0～20 V,4～20 mA),每个模块输出控制值的一半,总的两个模块输出为控制值的全值。如果其中的一个模块检测有故障,冗余的另一个模块输出为控制值的全值,模拟量输出如图 6-25 所示。

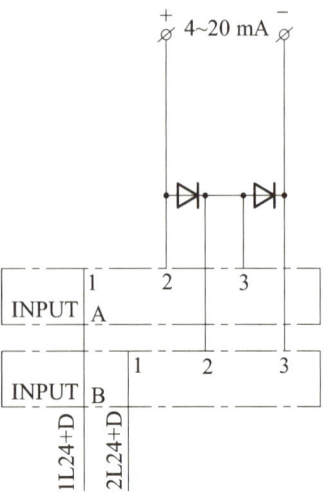

图 6-24 模拟量输入

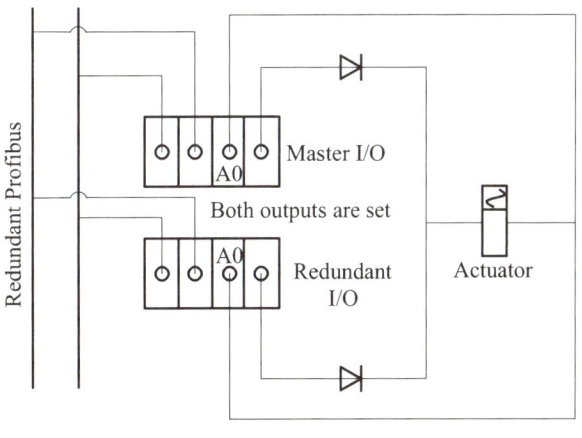

图 6-25 模拟量输出

2. PLC 控制系统控制功能

1）进阀内冷循环水温度调节

对内冷循环水温度的控制，冷却系统控制装置能根据冷却系统进换流阀的内冷循环水温度自动控制冷却风机的转速，将进换流阀内冷循环水稳定在目标设定值 ±1 ℃的范围内。

2）补水功能

冷却系统控制装置应能根据喷淋水池液位信号而自动打开和关闭补水电动阀对喷淋水池进行补水。当缓冲水池的液位传感器测量值低于启动补水设定值时，自动打开补水电动阀进行补水；当缓冲水池液位传感器测量值高于停止补水设定值时，自动关闭补水电动阀。

3）喷淋泵控制

本系统中共用三台闭式冷却塔，每台冷却塔配置两台喷淋泵，喷淋泵一用一备，定时切换。正常运行情况下闭式冷却塔中的只有一台喷林泵处于运行状态。

4）冷却风机自动控制

对冷却风机的控制，冷却系统控制装置根据当前的进阀内冷却循环水温度自动调整风机转速。冷却塔热量交换如图 6-26 所示。

5）喷淋水旁滤泵控制

喷淋水旁滤泵的工作可以按照预设定的启动时间启动后连续运行一段时间。德阳换流站喷淋水旁滤泵连续运行的时间设置为每日定时运行 8 h。

6）喷淋水排水控制

冷却系统控制装置具有喷淋循环水排水控制的功能，喷淋循环水经过一定时期的循环使用后，水质无法满足系统要求，在此期间控制装置根据喷淋水电导率自动排水或按照预设定的时间排水，本站设置为喷淋水旁滤泵每日定时运行 8 h 排水,喷淋水电导率高只告警,但是如果喷淋水池液位低时不允许排水。

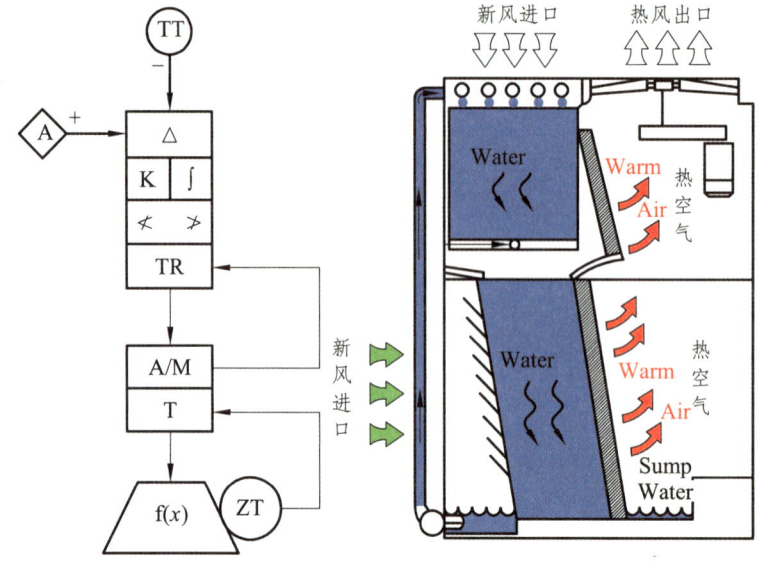

图 6-26 冷却塔热量交换

7)自动加药控制

冷却系统需要定期或定时加药,冷却系统控制装置具有自动加药的功能。对于缓蚀阻垢剂每天按照预设定的时间定量加药,对于杀菌灭燥剂按照预设定的加药间隔时间定量加药。但是当旁滤循环泵停止时,不能手动和自动启动加药泵。

8)排污功能

当阀冷设备间内积水坑水位高于一定高度时,自动报警并自动启动排水泵,同时发送信号到控制系统(运行泵和备用泵不但可以自动控制还可以手动强制投入)。

9)双电源输入自动切换

阀外水冷系统中的电源来自各自独立的四路输入电源:交流电源采用两两智能切换组合装置,直流 110 V 电源采用两两热备方式。两路交流电源当主电源故障时自动切换到备用电源,任意电源故障时上传电源故障信号并警告。两路直流电源均处于热备供电状态,任何电源故障均会上传电源故障信号并警告。交直流电源切换过程中,不引起保护系统的重启。

第 7 章 德阳换流站辅助系统

德阳换流站辅助系统主要包括站用电交流系统、站用电直流系统、工业水系统、空调系统和消防系统，其作用主要是为换流站主设备运行提供保障。本章将详细介绍以上五个辅助系统。

7.1 站用电交流系统

高压直流输电换流站的站用电系统与交流超特高压大型变电所的所用电系统是相似的，由于换流站的输送容量都较大，而且它对电力系统的安全稳定运行起着重要作用，所以对换流站站用电系统的设计应十分重视。

换流站的站用电系统的电负荷主要有：一是换流站站用电负荷主要包括换流站阀内冷系统主泵电机、阀外冷系统的电机、换流变及平波电抗冷却风扇、开关设备操作电源、空调和消防系统、低压直流系统等。二是换流站阀冷系统两台主泵电机，应分别接在本极两段 400 V 母线上，避免经电源切换装置为主泵供电。主泵的启停和切换由阀冷系统控制保护装置完成。三是换流变及平波电抗器的冷却装置、换流变分接头在线滤油装置、换流阀外冷系统的电机等，应由电源切换装置实现双回路供电。四是站内重要监控设备，如监控服务器、远动工作站、运行人员工作站、网络交换机等应由不间断电源供电。五是开关场的照明及电气设备的加热电源。

德阳换流站站用电系统采用三回电源供电。第Ⅰ回取自本站 500 kV 交流第二串；第Ⅱ回取自 220 kV 万安变电站 110 kV 间隔，距本站 7 km；第Ⅲ回取自 110 kV 南塔变电站 35 kV 间隔，距本站 12 km。采用架空线引入本站，第Ⅰ回和第Ⅱ回是主电源，第Ⅲ回是备用电源，换流站站用电一次接线如图 7-1 所示。

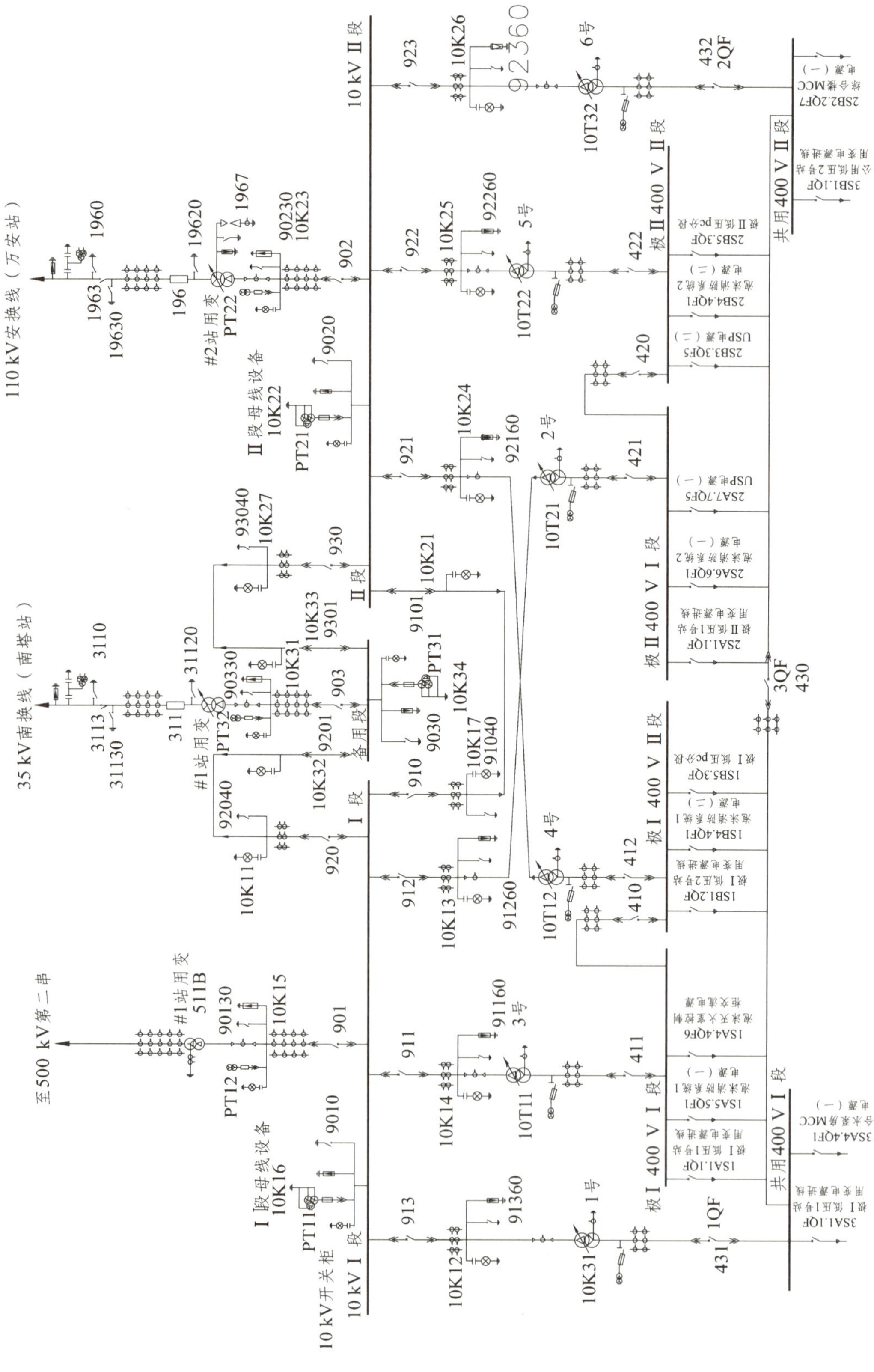

德阳换流站 DEYANG HUANLIUZHAN

图 7-1 换流站站用电一次接线

第Ⅰ回站用电经 500/10 kV 变压器降压引至 10 kV Ⅰ段母线，第Ⅱ回站用电经 110/10 kV 变压器降压引至 10 kV Ⅱ段母线，第Ⅲ回站用电经 35/10 kV 变压器降压引至 10 kV 备用段母线。

站用电 10 kV Ⅰ段母线经三台 10/0.4 kV 变压器降压后分别引至极Ⅰ站用电室 0.4 kV Ⅰ段母线、极Ⅱ站用电室 0.4 kV Ⅰ段母线和站公用低压室 0.4 kV Ⅰ段母线；站用电 10 kV Ⅱ段母线经三台 10/0.4 kV 变压器降压后分别引至极Ⅰ站用电室 0.4 kV Ⅱ段母线、极Ⅱ站用电室 0.4 kV Ⅱ段母线和站公用低压室 0.4 kV Ⅱ段母线。

10 kV 母线进线断路器 901、902、903 与联络断路器 910、920、930 之间能实现备自投功能。0.4 kV 断路器 411、412、410 之间，421、422、420 之间以及 431、432、430 之间均能实现备自投功能。10 kV 备自投与 0.4 kV 备自投通过时间配合，以保证 0.4 kV 母线正常供电。

德阳换流站 500 kV 站用变压器采用重庆 ABB 公司生产的 500 kV 油浸式无励磁调节变压器，站用变压器电源取自站内 500 kV 第二串线路，出现端接站用电 10 kV 开关室 10 kV 第一段母线，为本站第一回站用电电源。德阳换流站站用电系统一次接线图如图 7-2 所示，主要设备包括：#1500 kV 站用变压器（511B）、避雷器（F1）、10 kV Ⅰ段母线开关柜设备（10K16）、PT（T11）、CT（T1、T2）、500 kV 断路器（Q1、Q2）、500 kV 隔离开关（Q11、Q12、Q13、Q14）。

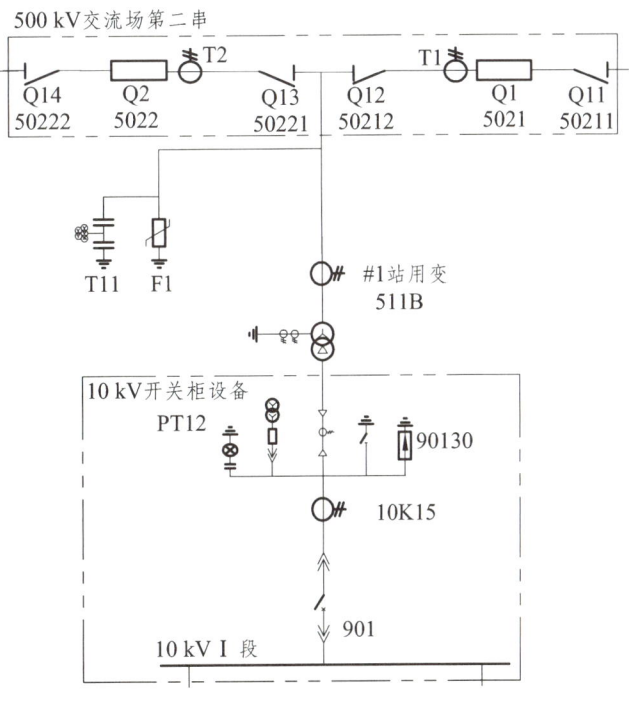

图 7-2　德阳换流站 500 kV 站用电系统一次接线图

7.2 站用电直流系统

7.2.1 站用电直流电源与交流不间断电源

德阳换流站站用直流系统分为四部分：站公用直流系统、极Ⅰ直流系统、极Ⅱ直流系统、交流场直流系统。站用直流系统均采用许继电源公司生产的低压直流电源设备，蓄电池采用哈尔滨九州电气股份有限公司生产的阀控式密封铅酸蓄电池。站公用直流系统、极Ⅰ直流系统和极Ⅱ直流系统安装在主楼，交流场直流系统安装在51小室。

7.2.2 直流电源系统

直流电源系统由以下三部分组成：充电机屏、馈线屏、蓄电池组。

德阳换流站直流电源系统采用的许继电源公司生产的直流电源设备，换流站站公用系统直流电源及UPS配置如下。

（1）充电机屏：每套直流系统配有三套充电机屏，每面屏上布置有充电模块、微机监控装置、充电器进出线开关、表计等。站公用每组充电机配有7个充电模块，极Ⅰ\Ⅱ每组充电机配有4个充电模块，交流场每组充电电机配有5个充电模块。

（2）馈线屏：配置3面，分别为A，B，C三段母线馈电屏，其中A、B段母线分别接入2组蓄电池，C段母线由A、B段母线切换而来。

（3）蓄电池组：站公用蓄电池组800 A·h，2组，52只/组；极用蓄电池组容量600 A·h，4组，52只/组；交流场用蓄电池组，容量600 A·h，2组，52只/组。

7.2.3 技术参数

（1）蓄电池形式：阀控式密封铅酸蓄电池。

（2）额定电压：110 V，2 V/只，每组52只。

（3）单体电池浮充电压：2.23～2.28 V。

（4）单体电池均充电电压：2.30～2.35 V。

（5）终止电压：1.80～1.87 V。

（6）10 h放电容量：800 A·h（站用）/600 A·h（极用）/600 A·h（交流场用）。

（7）蓄电池保证寿命（25℃浮充运行）：15年。

（8）生产厂家：哈尔滨九洲电气股份有限公司。

7.3 工业水系统

德阳换流站的工业水系统主要有两部分组成：分别为工业水池、工业水泵。

工业水池：德阳换流站有两座工业水池，分别为1#工业水池和2#工业水池，每座水池容量为1000 m^3，水池由罗江自来水厂直接供水。

工业水泵：工业水泵位于综合水泵房，它是用于向外冷水提供水源的。由外冷水系统控制工业泵的启停，换流站采用三台工业泵向两极外冷水系统补水，其中一台备用。

7.4 空调系统

德阳换流站拥有两套阀厅空调系统，每一套系统包含互为备用的A/B两子个系统。每套阀厅空调系统由冷热水机组、空气处理单元和送回风风管组成。

冷热水机组包括压缩机及电机、膨胀阀、蒸发器、冷凝器及风机、冷冻水循环水泵等，其附件包括供液电磁阀、干燥过滤器、高/低压力保护器、高/低压开关、视液镜等。

空气处理单元主要由回风段、回风消声段、回风机段、新/排风调节段、初效过滤段、表冷加热段、辅助电热段、加湿段、送风机段、中效过滤段、送风消声段、送风段等功能段组成。通过调节空气处理单元排风和新风阀门开度，可以使阀厅室内正压值保持在10～30 Pa，以防止户外灰尘渗入阀厅。

每个阀厅空调系统设计成一个独立的系统，采用冷热水机组+空气处理单元+风管送回风的系统形式。冷热水机组及空气处理单元均设100%备用设备，当其中一台设备发生故障时，备用机组可自动地投入运行。

阀厅空调系统有排烟设备，它与消防系统联动进行事故排烟。当阀厅内发生火灾时，火灾报警信号将联锁关闭空气处理单元及送、回风总管上的防火阀。风管上防火阀遇火关闭时，也将输出信号联锁关闭空气处理机组，以防止火灾蔓延。在确认火灾已扑灭的情况下，手动打开排烟风机及排烟防火阀（常闭，带手动操作机构）排烟。同时，可开启空气处理单元内的送风机将室外新风送入阀厅内。如果烟温超过280°C，则排烟风机进口处的排烟防火阀将关闭，并发出信号关闭排烟风机和送风机。

阀厅空调设有全自动控制系统，主要由冷水控制系统、组合式空调自动控制系统组成。各控制系统均采用现场控制，并设中央管理工作站进行集中控制。

7.5 消防系统

德阳换流站拥有两套消防系统，其中一套为泡沫消防系统，另一套为阀厅消防系统，每个阀厅消防系统各包含一套紫外火焰探测系统和一套极早期烟雾探测系统。

泡沫消防系统在火灾发生时，开启驱动装置打开动力瓶组内的氮气经减压装置压缩至储液罐工作压力，并输送到储液罐中，氮气推动储液罐内储存的泡沫灭火剂经管道至泡沫喷雾喷头，将泡沫灭火剂喷射到灭火对象上，达到迅速灭火的目的。

泡沫喷雾灭火系统具有自动启动、手动启动和机械应急启动功能。

（1）自动启动过程：智能控制盘处于自动状态下，当出现火情，系统报警，经消防智能控制盘逻辑判断火情发生，经过 0 ~ 30 s 的延迟过程，系统自动打开启动气瓶，继而打开动力瓶组，喷洒泡沫灭火。

（2）手动启动过程：智能控制盘处于手动状态下，当出现火情，人工确认后，手动按下启动按钮，经过 0 ~ 30 s 的延迟过程，系统自动打开启动气瓶，继而打开动力瓶组，喷洒泡沫灭火。

（3）应急启动过程：停电或控制装置失灵等特殊情况发生而无法通过自动或手动启动系统时，可以由操作人员在现场应急启动。首先打开总控制阀及该保护对象的电动分区阀，然后拔掉驱动装置上的保险卡环，按下驱动装置上的按钮，打开动力瓶组，达到系统启动的目的。

德阳换流站阀厅消防系统由海湾公司整体供货，其中极早期烟雾探测系统为英国 Airsense Technology 公司产品，采用 Stratos-Micra 100 型空气采样式感烟火灾探测器。每个阀厅由 7 台探测器组成一个烟雾探测网络，连接至一个命令模块，阀厅烟雾探测管道布置如图 7-3 所示。

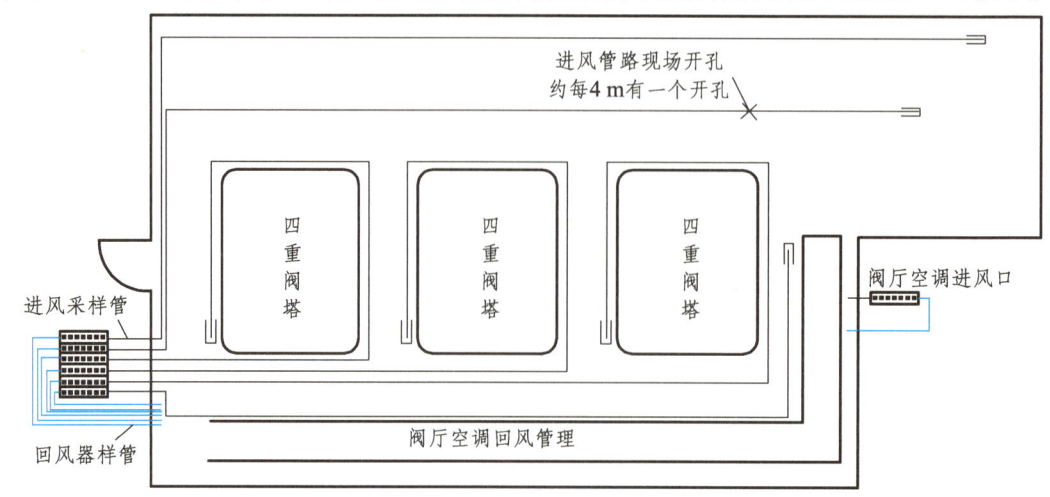

备注：进风管道约每 4 m 设有开孔，空气可从开孔中进入进风采样管。进风采样管从阀厅内吸气进行采样，采样空气进入油过进风采样管进入模块箱进行分析，采样气体通过回风采样管排出。

图 7-3　阀厅烟雾探测管道布置图

上图中，阀塔 A、B、C 相顶部钢梁各安装 1 台极早期烟雾探测器，吸气管环绕布置，换流变阀侧及套管侧安装两台极早期烟雾探测器，阀厅空调进风管和进风口各安装 1 台极早期烟雾探测器，每极阀厅共安装 7 台极早期烟雾探测器。

阀厅紫外火焰探测器安装在阀厅构架钢梁上，每极安装 14 台紫外火焰探头，型号为 JTG-ZM-GST9614。紫外火焰探测器为感光型火灾探测器，通过探测物质燃烧所产生的紫外线来发现火灾。阀厅紫外火焰探测器安装位置如图 7-4 所示。

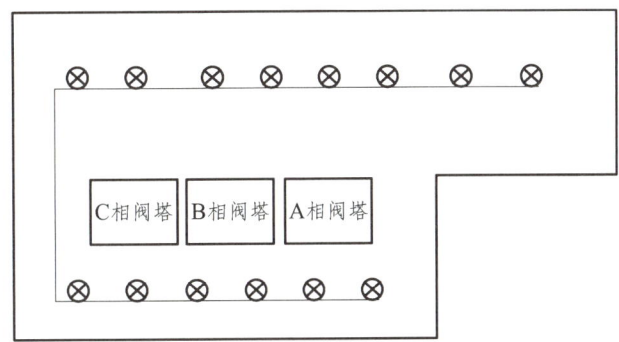

图 7-4 阀厅紫外火焰探测器布点图

上图中，每极阀塔 A、B、C 相两侧顶部钢梁共安装 14 台紫外火焰探测器，其中换流变阀侧及套管侧共安装 8 台，阀厅走廊侧安装 6 台。根据海湾厂家给出的说明，紫外火焰探头布置已覆盖全阀厅面积，能满足阀层中有火焰时发出的明火或弧光能够至少被 2 个探测器检测到的要求。

阀厅消防系统的探测器布置可以完全覆盖阀厅。目前阀厅极早期烟雾探测器和紫外火焰探测器报警、故障信号均送至阿波罗 APD 火灾报警控制系统，由火灾报警控制系统根据判断逻辑，联动实现声光告警、关闭空调、开启排烟窗等功能。图 7-5 为阀厅消防报警、联动回路图。

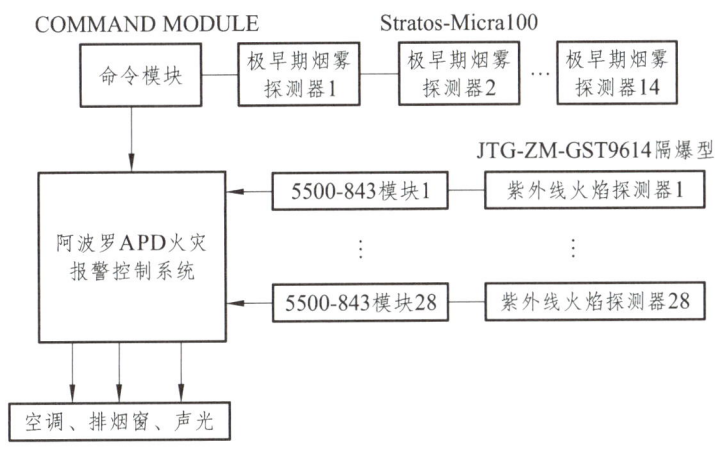

图 7-5 阀厅消防报警、联动回路图

当阀厅内所有极早期传感器中有一个检测到烟雾，且同时阀厅内所有紫外探头中有一个检测到弧光，这两个条件同时满足时，允许该阀厅直流闭锁；若阀厅空调进风口极早期传感器监测到烟雾时，闭锁极早期系统的跳闸出口回路，若此时有2个紫外探头报警时，才允许该阀厅直流闭锁。

第 8 章　德阳换流站运维检修管理

本章主要结合德阳换流站多年的实际运维工作，介绍直流换流站调度管理、运维管理、检修管理等相关规定，并以实际案例阐述故障处理流程。

8.1　调度管理

本节主要对国调直调设备、国调许可设备、热备用、冷备用、检修等 29 个常用调度术语进行定义，并介绍各级调度相关规定。

8.1.1　调度术语

国调直调设备：由国调直接下令进行运行调整、倒闸操作的厂、站及线路等相应一、二次设备。国调直调设备统称为直调系统。

国调许可设备：运行状态变化对国调直调系统运行影响较大的下级调控机构直调设备或厂站管理设备。许可设备状态计划性变更前，下级调控机构值班调度员、值班监控员、厂站运行值班人员和输变电设备运维人员应申请国调许可。

热备用状态：电源设备由于断路器已断开，但因断路器的隔离开关已接通，电源设备一经合闸即可带电工作的状态称为热备用状态。

冷备用状态：设备本身无异常，但所有隔离开关和断路器都在断开位置等待合闸命令，这种状态称为冷备用状态。

检修状态：设备的所有隔离开关和断路器都已断开，设备与电源分离，并挂牌，设遮拦和挂地线，作业人员在停电设备上的工作称为检修状态。

双端（多端）高压直流输电系统：在两个（多个）地理位置之间以高压直流的形式传输能量

的电力系统，由两个（多个）直流换流站和连接它们的高压直流输电线路组成。其中，从交流侧向直流侧转换能量的运行状态称为整流，从直流侧向交流侧转换能量的运行状态称为逆变。

高压直流背靠背系统：在同一地点的交流母线之间传输能量的高压直流系统。

换流站：高压直流输电系统的一部分，由安装在同一地点的一个或多个换流器单元，由交流开关场、阀厅建筑物、平波电抗器、直流（开关）场、滤波器、无功补偿设备，以及相关的控制、保护、监测、辅助设备等组成。

直流线路：直流输电系统中连接不同换流站极母线刀闸（或线路刀闸）之间的高压直流输电线路。

极系统：直流输电系统中连接不同换流站内交流母线的一套"交-直-交"换流系统，正常运行时其直流部分对地处于相同直流电压极性。

极：除直流线路外，极系统在换流站内的部分。

背靠背直流单元：直流背靠背系统中连接直流背靠背换流站内不同交流母线的一套"交-直-交"换流系统。

单极大地回线系统：以大地作为高压直流输电系统中性点间的电流返回通路的一个直流输电极系统。相应的接线方式和运行状态分别为单极大地回线、单极大地回线运行。

单极金属回线系统：以高压直流输电线路中的金属导线作为高压直流系统中性点间的电流返回通路的一个直流输电极系统。相应的接线方式和运行状态分别为单极金属回线、单极金属回线运行。

双极大地回线系统：以大地作为高压直流输电系统中性点间的电流返回通路的一个直流输电双极系统。相应的接线方式和运行状态分别为双极接线、双极运行。

换流器：将直流转换成交流或将交流转换成直流的系统设备的总称，一般是对换流变和其对应阀组的总称。

换流变：在交流母线和阀组间传输能量的变压器。

阀组：由可控硅以组件形式串联，并与阻尼回路、分压及可控硅电子设备回路、可控硅控制单元等共同组成，将直流转换成交流或将交流转换成直流的设备组。

平波电抗器：在直流侧与换流器串联的电抗器，主要用于平滑直流电流纹波和降低暂态电流。

交流滤波器：并联在换流站交流母线上，用于降低交流母线的谐波电压和注入相连交流系统的谐波电流的滤波器。

直流滤波器：常与平波电抗器和直流冲击电容器配合，主要用于降低高压直流输电线路上和接地极线路上的电流或电压波动的滤波器。

接地极系统（简称接地极）：由接地极站内部分、接地极线路、接地极电缆及放置在大地（海中）的导电元件等组成的直流接地系统，在直流电路与大地之间提供低阻通路。

直流控制（保护）系统：主要用于控制、监测、保护换流变及其有载调压开关、阀组、平波电抗器、直流滤波器、交流滤波器、直流开关、刀闸等设备的系统，是组成高压直流输电系统的一部分。

直流系统保护：高压直流输电系统相关设备的保护，一般包括直流保护、换流变引线及换流变保护、交流滤波器及其母线保护。

电力系统稳定性：电力系统受到事故扰动后保持稳定运行的能力。根据动态过程的特征和参与动作的元件及控制系统，将电力系统稳定分为静态稳定、暂态稳定、动态稳定、电压稳定和频率稳定。

电力系统过电压：当运行中的电力设备遭受雷击或对电力设备进行操作以及电网运行方式改变时产生超出其绝缘耐受水平的电压值，这种情况称之为电力系统过电压，分为大气过电压、工频过电压、操作过电压、谐振过电压。

负荷曲线：最大负荷（又称高峰负荷），一天中用电负荷的最大点；最小负荷（又称低谷负荷），一天中用电负荷的最小点；峰谷差，高峰负荷与低谷负荷之差；负荷率，平均负荷与最大负荷的百分比值。

电磁环网：不同电压等级运行的输电线路，通过变压器电磁回路的联接而构成的环路。电磁环网存在降低系统的稳定性，高电压等级设备故障导致低电压等级设备过负荷的危害。

备用容量：包括负荷备用容量（为平衡负荷预计误差和瞬时负荷波动而预留的备用容量）、事故备用容量（为防止系统中发输电设备故障造成电力短缺而预留的备用容量）、检修备用容量（为完成发输电设备检修任务而预留的备用容量）。

8.1.2 调度通用规定

8.1.2.1 调度指令

调度指令包括调度操作命令、调度操作许可、调度业务指令三类。

调度操作命令分为单项令、状态令、逐项令及综合令。单项令是调度员下达的单一一项操作的指令。状态令是调度员下达的只明确设备操作初态和终态的一种操作指令。逐项令是调度员下达的按顺序逐项执行的操作指令，要求受令人按照指令的操作步骤和内容按顺序逐项进行操作。综合令是调度员下达的不涉及其他厂站配合的综合操作任务。

调度操作命令和调度操作许可主要用于直调系统、许可设备的运行方式调整，以及电网发生异常、故障时的设备倒闸操作。调度业务指令主要用于直调系统送电计划修改、直调、许可设备检修、调试以及临时作业过程中涉及的开工、延期、完工等工作内容的批复，以及其他调度业务工作。

8.1.2.2 计划操作规定

计划操作应尽量避免在交接班、雷雨及大风等恶劣天气、电网发生异常及故障、电网高峰负荷等时段进行。操作前应充分考虑系统的运行方式、潮流分布、频率、电压、系统稳定、短路容量、继电保护及自动装置、系统中性点接地方式、通信等各方面的影响。

8.1.3 直流调度操作规定

8.1.3.1 直流系统启动

直流系统启动，包括单极（单元）启动和双极（单元）启动操作。单极（单元）启动操作调度首先下令将直流待启动极（单元）转为单极（单元）热备用状态，确认具备启动条件后，再下达该极（单元）启动命令。双极（单元）启动操作，调度首先下令将直流双极（单元）均转为热备用状态，确认具备启动条件后，再下达双极（单元）启动命令。

在站间控制通道通信故障情况下，一般不进行直流启动操作。如需操作，应将两站有功功率运行方式置为独立控制，两站值班人员通过电话进行联系，两站分别设置潮流方向，逆变站先进行解锁操作，整流站后进行解锁操作，待直流解锁后，再在整流站通过功率（电流）指令改变输送功率（电流）。

8.1.3.2 直流系统停运

在站间控制通道通信故障情况下，一般不进行直流停运操作。如需操作，应将有功功率运行方式置为独立控制，整流站降低功率（电流）至最小值，两站值班人员通过电话进行联系，由整流站先进行闭锁操作，逆变站后进行闭锁操作。

直流系统双极（单元）运行时发生单极（单元）跳闸，若运行极（单元）出现功率过负荷情况，值班人员应立即将该极（单元）输送功率调整到当前电压水平下最大允许功率。

8.1.3.3 功率（电流）调整

正常功率调整操作时，直流系统功率不得超过正常运行时的最小/最大功率（电流）范围。直流功率（电流）升降过程中，不进行主控站、有功功率和无功功率控制方式和直流电压方式的调整。潮流反转需将输送功率先下降到最小功率后，直流系统闭锁，待直流两侧电网调整方式完毕，调度下令直流系统功率反向解锁，并按要求升功率至目标值。

在站间控制通道通信故障情况下，一般不进行直流功率（电流）调整操作。

8.1.3.4 降压运行

为保证直流设备的安全运行，防止发生直流系统闪络事故，当换流站遇有大雾、小雨或雷雨天气时，值班人员可视现场设备情况向调度申请将直流设备转为降压运行，并加强现场监视；待恢复条件满足后，可向调度申请手动恢复全压运行。

如果是直流系统线路保护再启动逻辑导致的直流设备降压运行，换流站值班人员应向调度汇报故障时间、发生故障极、目前该极运行电压、线路保护动作情况、再启动次数、故障测距及本站天气状况等；对于再启动逻辑动作后建立的直流系统降压运行电压，在接到线路运维单位关于线路具备升压条件的汇报前，一般维持该运行电压。

8.1.3.5 极开路试验

极开路试验分为直流输电系统极开路试验和背靠背系统极开路试验，其中直流输电系统极开路试验包括不带线路极开路试验和带线路极开路试验。一般情况下，直流输电系统两侧换流站及直流线路均需进行极开路试验时，由一侧换流站进行不带线路极开路试验，由另一侧换流站进行带线路极开路试验。高压直流系统正常停运后，若直流设备无检修工作，启动前可不进行极开路试验。

不带线路极开路试验：高压直流系统阀厅内设备、极母线、平波电抗器等直流一次设备或直流控制系统部分二次设备检修或故障后，相应换流站的检修或故障极应进行不带线路极开路试验，试验成功方具备正式送电条件。

带线路极开路试验：直流输电系统内直流线路检修或故障后，在正式送电前，相应直流线路应由任一换流站进行带线路极开路试验。试验成功，该直流线路具备正式送电条件。

8.1.3.6 双极中性区域运行规定

单极或双极正常运行时，不允许安排双极中性区域主设备及相关二次回路的检修工作。直流输电系统一极运行，一极停运时，不允许直接对停运极中性区域设备进行注流和加压试验，包括阀厅内停运极中性区域设备。运行极的一组直流滤波器停运检修时，严禁对该组直流滤波器内与直流极保护相关的电流互感器进行注流试验。单极闭锁后因检测到直流线路电流不能正常进行极隔离时，严禁在直流线路隔离开关断开前断开停运极中性母线和接地极的连接，防止中性母线电压分压器测量到感应电压导致站接地极开路保护动作。

双极直流中性母线设备的检修、维护、预试工作要求在双极停运时进行。

8.1.3.7 最后断路器装置运行规定

当换流站作为逆变站运行时，该侧相应的最后断路器跳闸功能应投入。逆变侧的最后断路器跳闸功能均退出时，直流系统应停运。

当换流站作为整流站运行时，该侧相应的最后断路器跳闸功能应退出。

最后断路器跳闸（接收）装置的投退，由调度许可操作。

8.1.3.8 直流线路再启动规定

直流线路再启动功能只在整流站起作用，当直流线路有工作需要退出线路再启动功能时，可只退出整流站的直流线路再启动功能。

8.1.3.9 顺控操作规定

正常运行方式转换应采用自动顺序操作，操作命令执行前，必须核对监控机画面显示和提示内容是否与控制操作命令相符。若自动顺序操作停止在某一步时，应先查清原因，必要时给予手动帮助，手动帮助时需注意操作顺序。顺控操作后应现场检查操作情况是否良好。直流系统运行方式的转换必须与对站进行联系后再操作。

8.1.4 德阳换流站设备调度管辖的范围

国调直调设备范围：±500 kV 德阳换流站直流输电系统极Ⅰ、极Ⅱ；德阳换流站除 500 kV 1# 站用变压器 511B；502167、503167、505367 接地刀闸外的全部 500 kV 设备；德阳安控系统（谭家湾站安控装置 1、2 除外）。

国调许可设备范围：500 kV 1# 站用变压器 511B；502167、503167、505367 接地刀闸；500 kV 谭德一、二线。

德阳地调调度设备：站用电 110 kV 安换线及站内 1960 线路接地刀闸。

罗江县调调度设备：站用电 35 kV 南换线及站内 3110 线路接地刀闸。

公司生产运行指挥中心调度设备：110 kV 站用变压器本体及 196 开关；35 kV 站用变压器本体及 311 开关。

德阳换流站调度设备：500 kV、110 kV、35 kV 站用变压器低压侧及站用电系统。

8.2 运维管理

8.2.1 值班管理

换流站实行有人值班的运维管理模式，值班工作包括值班和交接班。为满足日常维护和应急工作的需要，换流站 24 小时有人值班。值班人员严格执行相关规程规定和制度，完成换流站的现场倒闸操作、设备巡视、定期轮换试验、消缺维护及事故处理等工作。正常情况下，必须保证控制室至少有一名具有独立监盘资格的人员监视设备运行状态。值班人员除倒闸操作、设备巡视、运行维护工作外，不得远离控制室；若需远离控制室，必须经值班负责人批准。值班期间严禁用调度电话联系与值班工作无关的事宜，工作联系或汇报使用录音电话。

德阳换流站按三班一运转方式，按规定时间进行交接班。交接班的主要内容包括：运行方式及负荷分配情况；站用电、低压直流、辅助系统运行情况；继电保护及安全自动装置动作和投退情况；缺陷、异常、事故处理情况；工作票和操作票的执行情况；现场安全措施及接地线情况；定期运行维护、检修工作开展情况；各种记录、资料、图纸的收存保管情况；现场安全用具、钥匙及备品备件使用情况；上级指令、指示、通知及收到的学习资料以及执行情况；本值尚未完成需接班值继续做的工作和注意事项；环境卫生及其他需要交代的内容。交班负责人按交接班内容向接班人员交代情况，接班人员确认无误后，由交接班双方负责人签名，并注明时间，交接班工作方告结束。

未办完交接手续之前，交班人员、接班人员不得擅离职守；交接班前、后 30 分钟内，一般不进行重大操作。在处理事故或倒闸操作时，不得进行交接班；交接班时发生事故，应停止交接，由交班人员处理，接班人员在交班负责人指挥下协助工作。

8.2.2 设备巡视管理

换流站的设备巡视检查，分为例行巡视（含交接班巡视）、全面巡视、专业巡视、熄灯巡视、特殊巡视。例行巡视、全面巡视和专业巡视时，运维人员应持标准化巡视作业指导书开展设备巡视。

例行巡视是指对站内设备及设施外观、异常声响、设备渗漏、监控系统、二次装置及辅助设施的异常告警情况、消防安防系统完好性、直流换流站运行环境、缺陷和隐患跟踪检查等方面进行的常规性巡查。例行巡视每天不少于 2 次。

全面巡视是指在例行巡视项目基础上，对站内设备进行开启箱门检查，记录设备运行数据，检查设备污秽情况，检查防火、防小动物、防误闭锁等设备有无漏洞，检查接地网及引线是否完好，检查直流换流站设备厂房等方面的详细巡查。全面巡视每周不少于 1 次。

专业巡视是指为深入掌握设备状态，由运维、检修、设备状态评价人员联合开展对设备的集中巡查和检测。专业巡视每月不少于 1 次。

熄灯巡视是指夜间熄灯开展的巡视，重点检查设备有无电晕、放电，接头有无过热现象。熄灯巡视每月不少于 1 次。

特殊巡视是指因设备运行环境、方式的变化而开展的巡视。如大风、雷雨后；冰雪、冰雹、雾霾情况下；新设备投入运行后；设备经过检修、改造或长期停运后重新投入系统运行后；设备缺陷有发展时；设备发生过负荷或负荷剧增、超温、发热、系统冲击、跳闸等异常情况；法定节假日、上级通知有重要保供电任务时；电网供电可靠性下降或存在发生较大电网事故（事件）风险时段；均应进行特殊巡视。

8.2.3 工作票、操作票管理

换流站的工作票、操作票严格执行《电力安全工作规程》和国网四川省电力公司及检修公司的两票管理制度。

第一种工作票应至少提前24小时送达换流站，第二种工作票和带电作业工作票可在进行工作的当天预先交给工作许可人。班组安全员及基层单位专责每月对已终结的工作票进行100%检查，统计合格率及存在的问题。每月对已终结的工作票按编号顺序装订、统计、评定以及检查。

操作票根据操作预令填写。操作预令由调度下达至换流站，并告知正式操作预计时间，运维值班人员复诵无误后做好记录。倒闸操作以正式的调度指令为准。运维值班人员根据调度预令填写操作票，审核无误后，主动与调度联系。调度下达操作正令，运维值班人员接令复诵无误并由调度确认下令时间后，方可开始操作，发令复诵过程双方应录音。当操作发生疑问时，应立即停止操作，并向发令人汇报。待发令人再行许可后，方可进行操作。在恢复操作时运维值班人员必须重新进行核对，确认操作设备、操作步骤正确无误。班组安全员及基层单位专责每月对已执行的操作票进行100%检查，统计合格率及存在的问题。每月对已执行的操作票按编号顺序装订、统计、评定以及检查。

8.2.4 设备定期维护管理

换流站定期维护主要包括定期轮换、试验工作和日常维护工作。项目包括一二次设备、在线监测装置、备用电源、通风系统、消防、安防、照明等辅助设施的轮换、试验、检查以及对房屋、围墙等土建设施的检查等。

定期轮换、试验工作主要规定如下：事故照明试验、主变压器备用冷却器轮换、主变压器冷却电源自投功能试验等每季度1次；站用直流系统备用充电机启动每半年1次；站用电系统备自投功能检验每年1次。

日常维护工作主要规定如下：换流变压器有载分接开关动作次数抄录、避雷器动作次数抄录和泄漏电流抄录、保护压板投退情况核对、全站各装置及系统时钟核对、低压直流蓄电池电压测量、SF_6气体密度值抄录、安全工器具检查、给排水及通风系统检查等每月1次；防小动物设施检查、消防设施检查等每月 2 次；控制保护主机滤网更换、监控系统装置除尘、控制保护主机及故障录波等数据维护和备份、阀厅空调及主控楼空调滤网更换、漏电保安器试验、室内和室外照明系统维护、机构箱加热器及照明维护、站内电缆沟、端子箱检查、电机和水泵等设备轴承及机械各关节注油、安防设施检查维护等每季度 1 次；二次设备清扫每半年 1 次；蓄电池内阻测试、室内外锁具维护、电缆沟清扫每年 1 次。

另外，每年迎峰度夏前需对空调、冷却、消防、排水等系统进行 1 次全面检查、维护；每年迎峰度冬前对电气设备的取暖、驱潮电热装置进行 1 次检查。

8.2.5 设备运维分析管理

设备运维分析分为月度运维分析和专题运维分析。

月度运维分析每月开展 1 次，针对设备运行情况进行综合分析，总结设备运行规律，发现设备参数、性能变化趋势，以便及时发现设备隐患并提出跟踪、处理方案，保证设备的长期稳定运行。

专题运维分析针对特殊运行方式下保证安全运行的措施，设备出现重大及以上缺陷的跟踪方案，运行中出现误操作、重大违章，以及事故、异常情况等进行分析，制定对策。

8.2.6 缺陷、异常及事故处理管理

1. 缺陷分类

缺陷分为危急、严重、一般三类。

危急缺陷：设备或建筑物发生了直接威胁安全运行并需立即处理的缺陷，随时可能造成设备损坏、人身伤亡、大面积停电、火灾等事故，处理时限不超过 24 小时。

严重缺陷：对人身或设备有严重威胁，暂时能坚持运行但需尽快处理的缺陷，处理时限不超过 7 天（继电保护及安全自动装置严重缺陷处理时限不超过 72 小时）。

一般缺陷：危急、严重缺陷以外的设备缺陷，指性质一般，情况较轻，对安全运行影响不大的缺陷。对于不需停电处理的，尽快安排处理，对于需要设备停电处理的，最长不超过一个检修周期。

换流站设专人负责缺陷管理，及时掌握本站设备的全部缺陷和处理情况；建立必要的台帐、图表资料，对设备缺陷实行分类管理；每条缺陷都有处理意见和措施，做到及时消除危急、严重缺陷，有计划的处理一般缺陷。缺陷处理后及时验收，并录入生产管理系统（PMS），实现缺陷闭环管理。

2. 异常和故障处理

设备发生异常或故障后，运维人员应立即汇报给各级调度和公司生产运行指挥中心，同时对

现场设备进行详细检查。汇报内容包括：异常或故障发生时间；直流系统运行方式以及负荷情况；二次设备动作情况及线路故障测距信息；一次设备状态变化及现场检查情况；站内设备越限或过载情况；现场是否有人工作；确认是否具备试送条件；周边天气及其他需要汇报的情况。

另外换流站发生极闭锁、主设备损毁及跳闸等重大故障时，公司运检部要在20分钟内通过电话或短信向省公司运检部汇报有关简要情况，省公司运检部要在30分钟内向国网运检部汇报，4小时内上报故障快报。

省公司运检部在故障处理完毕1小时内通过电话或短信向国网运检部简要汇报处理及恢复情况，24小时内上报正式分析报告。

8.2.7　隐患排查治理管理

换流站建立隐患排查常态工作机制，依据《国家电网公司十八项电网重大反事故措施》、《国家电网公司防止直流换流站单、双极强迫停运二十一项反事故措施》以及历年来典型事故案例等，组织开展现场隐患排查治理工作；对隐患排查建立档案，并根据隐患治理计划及时跟踪进度情况，并实行闭环管理；对于暂时无法治理的隐患，班组根据上级制定的预控措施开展有针对性的事故预想及反事故演习。

8.2.8　状态检修管理

变电状态检修是近些年发展起来的一种较为先进的检修模式和管理方式。状态检修就是企业以安全、可靠性、环境、成本为基础，通过设备状态评价、风险评估、检修决策，达到运行安全可靠，检修成本合理的一种检修策略。一般通过查阅资料、巡视检查、在线监测、带电检测、检修试验等方式对设备的数据、声音、图像、现象等的分析来判断电气设备是否出现异常，提前预知设备可能发生的故障，从而在故障发生前进行检修，避免事故的发生。

德阳换流站设备的状态检修工作按照《国家电网公司特高压变电站和直流换流站设备状态检修工作标准》执行。主要通过收集油浸式变压器及电抗器、SF_6断路器、电流互感器、电压互感器、高压套管、隔离开关和接地开关、金属氧化物避雷器、干式电抗器、直流电源、站用电系统、交流继电保护、水冷却系统、换流阀、交/直流滤波器、直流断路器、直流分压器、控制保护等17类设备数据开展状态检修工作。该17类设备的各状态量详见《国家电网公司特高压变电站和直流换流站设备状态检修工作标准》。

国网总部运维检修部采用定期检查和专项抽查相结合的方式对德阳换流站的设备状态检修工作进行检查和考核。

8.2.9　运维记录及台账

换流站主要具有以下记录台帐：运维工作日志、设备巡视记录、交接班检查记录、运行值班日计划、反事故演习记录、事故预想记录、安全活动记录、运维分析记录、技术培训及问答记录、消防检查记录、防小动物措施检查记录、设备缺陷记录、设备修试记录、断路器动作次数记录、断路器 SF_6 气体压力记录、变压器分接头动作记录、避雷器动作及泄漏电流记录、蓄电池测量记录、继电保护及安全自动装置动作记录、继电保护及安全自动装置压板核查记录、接地线（地刀）登记记录、红外测温记录。

8.2.10　其他管理

除上规定外，换流站还包括控制保护定值、备品备件、防污闪、防汛、防寒、防高温、防小动物管理以及水冷系统、消防、安防等辅助设施的相关制度。

8.3　检修管理

8.3.1　日常检修管理

德阳换流站日常检修工作，以设备维护类项目为主，主要从缺陷隐患治理、日常计划工作、备品备件管理三方面开展。

8.3.1.1　缺陷隐患治理

德阳换流站根据国网、省公司相关缺陷及隐患管理规定，制定修编了"特高压交直流运检中心缺陷管理制度""特高压交直流运检中心隐患缺陷管理制度"，规定各级人员在设备缺陷管理中的工作职责、设备缺陷等级划分标准、消缺时间的规定、设备缺陷的处置流程等内容。

根据换流站自身实际，将站内缺陷和隐患结合起来，动态管理，对超期不能治理的缺陷及时纳入隐患管理周期，落实隐患管控措施，编制隐患治理计划，有效确保了设备动态零缺陷目标的实现。

1. 隐患排查治理工作常态化

德阳换流站严格按照各级关于开展设备深度隐患排查治理工作的相关要求，以"建机制、查隐患、抓治理、防事故"为工作主线，健全了组织体系，主动梳理、规范了"排查、评估、备案、跟踪监视、整治、验收销号"的隐患排查治理的工作流程，统一了表单工具，开展形式多样的隐患培训，奠定了隐患排查工作的基石。其次，将隐患排查与安全性评价、年度检修、设备季节特点分析、事故案例分析培训，以及日常巡视维护等工作相结合，制定了年度隐患排查治理任务计划，分层次、分设备类型定期开展隐患排查。最后，为对隐患排查计划实施情况形成闭环追踪，德阳换流站建立了常态的周、月度例会制度，做实隐患分析与预警，对计划中的隐患排查做到有追踪、有评价、有后续分析。另外，为提高隐患排查工作的积极性，提高员工工作责任心、主动发现并提出隐患，德阳换流站建立了隐患排查治理激励机制，将隐患排查工作与绩效考核挂钩，通过正向激励，驱使全员将隐患排查作为己任。通过上述工作，2011—2013，共深度排查出71项隐患，并完成了全部隐患治理工作。

2. 重点落实隐患排查治理"六环"工作流程

1）发现隐患，及时制订方案，开展排查

德阳换流站根据设备家族缺陷及实际运行工况，对可能存在隐患的重点监控设备立即启动隐患排查机制。

首先，组织隐患排查治理专家组第一时间收集查阅了相关资料，明确了技术标准要求，并同步开展现场查勘。然后，根据本站实际情况编制了隐患排查方案，在方案中制定了分管领导—换流站专责—维护班组三级管理体系，明确了具体排查内容、安全注意事项，并将排查工作计划、职责落实到人。在方案通过德阳换流站评估后，及时将方案上报公司运检部。

2）认真客观开展隐患评估，并及时升级上报

对设备运行及相关数据进行分析，确定隐患级别后，德阳换流站初步制定了隐患消除前的跟踪监控措施和应急预案等，并对所有运维人员开展了培训，让每位运维人员切实掌握紧急情况下的应对措施，做到人人心中有数。

同时，德阳换流站及时将隐患升级上报到公司运检部、安监部，运检部组织相关技术人员、技术专家、生产厂家等召开专题分析会，进一步评估该隐患的发生原因、发展及可能造成的安全风险，对隐患进行定性。在公司评估认定该隐患级别后，德阳换流站协同公司运检部进一步完善相应的运行措施、检修计划、和紧急情况下的应急预案，并及时报送省公司运维检修部核定。

3）切实做好隐患备案，做到可动态查询、动态追踪

德阳换流站在隐患评估的基础上，编制了隐患排查中期报告。报告中确定了治理计划、治理方案，明确治理前的运行注意要点、维护措施、在线监测、带电检测措施等。治理方案在报公司运检部、安监部及省公司运维检修部备案的同时抄送国网公司总部相关职能部门和安全监察部门备案。另外，切实做好隐患档案资料管理，做到"一隐患一卡，一卡一编号"，安监专责将确认的隐患在"安监管理一体化平台"中建档，并全程跟踪隐患治理。

4）密切关注隐患发展，落实隐患动态跟踪

在隐患发现时，德阳换流站就明确了隐患跟踪要求和防范措施，并贯穿至隐患治理完成前的

整个过程。在隐患追踪中，一方面确定专人跟踪隐患的发展、另一方面对消除计划制定、物资到货以及治理情况等也进行了定期跟踪，并定期收集相关信息报送公司。

5）按计划进度开展隐患治理，对关键环节重点掌控

隐患认定后，制定里程碑计划，严格掌控物资、停电计划、现场施工、项目验收等关键治理时间节点，挂牌督办并严格纳入德阳换流站管理考核内容，确保隐患治理按计划推进。

6）做好隐患验收销号，形成有效闭环管理

根据隐患层级，隐患治理完成后，公司、换流站、施工方对隐患治理情况进行三级验收，在"重大（一般）设备隐患排查治理档案表"中填写隐患治理验收意见，做出验收结论，形成重大事故隐患书面验收报告，在"安监管理一体化平台"完成验收销号，并提出隐患消除后1个月的重点监视要求，确保隐患得到有效治理，有效管控，形成完整的闭环管理。

8.3.1.2 日常计划工作

以德阳换流站"24节气表"为基础，以定期检修工作为日常检修工作核心，以设备缺陷应急处置为重点，维护班编制了定期检修工作计划表，一、二次检修工作计划表如表8-1、表8-2所示。

表8-1 一次专业定期工作计划表

周期	序号	工作内容	定期工作时间	责任人	记录表	工作依据
每日	1	对外冷水冷却塔泄露、PVC导流板结垢、外冷水杂质、冷却风机有无异响的情况进行检查	每日9:00	维护班巡视人员	维护班周巡视记录	国家电网公司直流换流站运维管理规定
	2	巡视阀厅空调设备，巡视重点包括：压缩机及散热盘管有无泄露情况，阀厅空调系统就地汇控柜小室防水防潮情况，空气处理单元区域有无异物	每日9:00	维护班巡视人员	维护班周巡视记录	
	3	对内水冷系统运行情况进行巡视检查，并完成主泵运行工况记录（每周按隔天记录的频率记录主泵运行工况）	每日9:00	维护班巡视人员	维护班周巡视记录、内水冷系统主泵巡视表	
	4	大负荷期间，设备接头精确红外测温，按月度进行统计总结	每日9:00	维护班巡视人员	设备接头精确红外测温表	设备运行工况
每周	1	每周根据外冷水树脂罐产水情况补充盐水罐内工业用盐。换流站传送功率小于1 000 MW时每三天单极补充6袋工业用盐（50 kg/袋）；换流站传送功率大于2 000 MW时，每两天单极补充6袋工业用盐（50 kg/袋）。加盐工作完成后对水冷设备管路和泵坑中的电机进行一次细致排查	每周五前	维护班当班人员	维护班周巡视记录	设备运行工况

续表

周期	序号	工作内容	定期工作时间	责任人	记录表	工作依据
每周	1	每周根据外冷水树脂罐产水情况补充盐水罐内工业用盐。换流站传送功率小于1 000 MW时每三天单极补充6袋工业用盐（50 kg/袋）；换流站传送功率大于2 000 MW时，每两天单极补充6袋工业用盐（50 kg/袋）。加盐工作完成后对水冷设备管路和泵坑中的电机进行一次细致排查	每周五前	维护班当班人员	维护班周巡视记录	设备运行工况
	2	每周巡视一次备品备件库，及时排查可能引起火灾、人身伤害、妨碍整洁美观等的不良因素	每周五前	维护班当班人员	维护班周巡视记录	国家电网公司直流换流站运维管理规定
	3	每周对换流变、平波电抗器开展一次细致巡视工作，巡查重点包括：换流变、平波电抗器在线油色谱装置漏油检查，换流变、平波电抗器泄露油检查，换流变、平波电抗器呼吸器检查，在线滤油机异响检查，换流变、平波电抗器冷却器管路及异响检查	每周五前	维护班当班人员	维护班周巡视记录	国家电网公司直流换流站运维管理规定
	4	每周对阀厅内设备开展一次熄灯巡视，重点关注阀厅内设备闪络及发光点	每周五前	维护班当班人员	维护班周巡视记录	国家电网公司直流换流站运维管理规定
	5	根据运维一班设备状态检修巡视记录，对交直流场内可能存在异常的设备进行专业检查分析，对无异常设备进行普通巡视	每周五前	维护班当班人员	维护班周巡视记录	国家电网公司直流换流站运维管理规定
	6	每周对接地极及极址内设备进行一次巡视，重点进行防外破检查	每周五前	维护班当班人员	接地极址巡视表	国家电网公司直流换流站接地极址运维管理规定
每月	1	每月对备用换流变、备用平抗及其就地电源小室进行一次检查巡视，开展避雷器计数器检查，检查接地网及引下线是否完好	每月15日前	维护班当班人员	维护班周巡视记录	设备运行工况
	2	每月配合志达公司开展对换流站水冷及综合水泵房设备（包括：电机、管路）的月度检修工作，并收集相应的记录报告	每月31日前	维护班当班人员	工业水月度检修记录	设备运行工况
	3	每月配合友邦公司对换流站阀厅空调设备开展月度检修工作，并收集相应报告	每月31日前	维护班当班人员	阀厅空调月度检修记录	设备运行工况
	4	每月开展阀外冷水系统水质分析工作	每月31日前	维护班当班人员	月度水化记录表	设备运行工况
	5	每月对接地极极址内设备进行一次全巡视，重点进行监测井水位、温度等检查，并完成月度巡视记录	每月31日前	维护班当班人员	接地极月度巡视表	国家电网公司直流换流站接地极址运维管理规定

续表

周期	序号	工作内容	定期工作时间	责任人	记录表	工作依据
每月	6	每月对站外外接水源管道进行巡视，并完成记录	每月31日前	维护班当班人员	维护班周巡视记录	设备运行工况
	7	每月对备品备件库进行盘点，对特种车辆进行月度维护	每月31日前	备品管理员	备品备件登记表、德阳换流站特种车辆定期维护表	国家电网公司直流换流站运维管理规定
	8	换流变铁芯夹件接地电流测试	每月31日前	维护班当班人员	铁芯夹件接地电流测试记录表	国家电网公司直流换流站运维管理规定
季度工作	1	每两月要求友邦公司对阀厅空调系统空气处理单元初、中效滤网进行更换，并做好滤网消耗记录，及时补充备品	每两月一次	维护班当班人员	阀厅空调月度检修记录	设备运行工况
	2	每季度开展一次交、直流场一次设备特巡工作，包括：端子箱、汇控柜防水防潮检查，设备放电、异响巡视，场地避雷器计数器检查，交流滤波场防鸟害检查	每季度末前	维护班当班人员	中心特巡记录	设备运行工况
	3	不经常使用的特种车辆充电、维护	每两月一次	维护班当班人员	德阳换流站特种车辆定期维护表	国家电网公司直流换流站运维管理规定
	4	阀外水冷系统投放除菌除藻及相关药剂	每季度末前	维护班当班人员	维护班周巡视记录	设备运行工况
年度工作	1	配合年度大修	具体时间由国调定	全体人员	年度检修记录	国家电网公司直流换流站运维管理规定
	2	换流站表计校验	根据表计实际要求	全体人员	年度检修记录	国家电网公司直流换流站运维管理规定

表 8-2 二次专业定期工作计划表

周期	序号	工作内容	定期工作时间	责任人	记录表	工作依据
每周	1	对站内二次系统设备进行巡视检查，监测其运行状况（每周二、五着重进行内外水冷、空调、火灾报警系统，每周三、六着重进行交流保护、自动化系统，每周四、日着重进行通信、直流控保系统巡视）	每日9:00	维护班巡视人员	维护班周巡视记录	国家电网公司直流换流站运维管理规定
	2	设备状态检修数据审核	每周四	维护班当班人员	设备状态检修	国家电网公司状态检修
	3	对保护屏柜进行红外测温	每周五前	维护班巡视人员	维护班巡视记录	国家电网公司直流换流站运维管理规定

续表

周期	序号	工作内容	定期工作时间	责任人	记录表	工作依据
每月	1	对故障录波文件、事件记录及重要数据进行备份	每周五前	维护班当班人员		国家电网公司直流换流站运维管理规定
	2	MACH2主机滤网更换	每周五前	维护班当班人员	维护班主机滤网更换记录	国家电网公司直流换流站运维管理规定
	3	光CT参数记录、分析	每周五前	维护班当班人员	周状态检修分析	国家电网公司直流换流站运维管理规定
	4	二次备品清理	每月底	备品管理员	二次备品台账	设备运行工况
	5	二次备品购买计划	每月底	备品管理员	二次备品购买计划	国家电网公司直流换流站运维管理规定
季度工作	1	站内关口计量表校验	每两月一次	维护班当班人员		电能计量装置检验规程
	2	全站计算机维护（版本升级、优化处理、磁盘整理、杀毒、数据备份等）	每季度末前	维护班当班人员		国家电网公司直流换流站运维管理规定

根据检修定期计划工作表，德阳换流站生产管理专责定期对检修工作完成情况进行评估考核，班组依据评估考核意见编制检修工作整改计划，并落实整改，确保检修日常工作有效有序开展。

8.3.1.3 备品备件管理

德阳换流站维护班落实专人牵头开展一、二次备品备件的管理工作，在将备品备件定期工作纳入一、二次专业定期计划工作的基础上，根据"直流换流站备品备件管理办法"，重点开展检修及缺陷处置后消耗及补充备品备件的情况统计、备品备件定期试验、备品备件库现场环境整治及备品备件出入库四方面的工作。

1. 备品备件统计及计划提报

德阳换流站2012年底开展了在运设备及备品备件的全面核实统计工作，以此次工作为基础，对站内备品备件数量、质量、保存环境要求等有了细致的掌握，根据国网公司要求针对此次专项排查，进行了所需备品备件采购计划提报，并登记在案。

日常备品备件计划提报工作，依据缺陷及年检消耗的备品备件，结合每月、每季度、各专项计划，进行备品备件提报工作，对提报计划中应提供的所需备品备件的型号、图片进行了要求，确保了备品备件计划提报工作的准确性和可行性。

2. 备品备件现场管理

1）备品备件定期试验

根据"直流换流站备品备件管理办法"要求，按三年滚动周期，开展备品库内所有备品的例行试验，二次备品重点关注板卡设备的可用性。新到备品备件，按设备交接试验要求进行试验，并完成备品备件试验档案的新建工作。

2）备品备件出入库管理

制定德阳换流站备品备件出入库管理制度，专人负责备品备件出入库登记、手续办理，并按月度进行汇总。在大件备品备件出入库时，提前联系厂家及物流单位，做好备件装卸人员、机具车辆及场地准备，确保现场作业安全可控。

3）备品备件环境整治

根据备品备件说明书，确定备品备件保存所需的环境要求，对备品备件的温湿度、防雨防潮条件、防火灾设备等进行定期检查。备品备件库实施定置摆放，划定不同的区域，定制相应的货架及备品箱，将功能、类型、大小相同或相近的备品备件安放于同一区域，确保了备品备件库的美观、整洁。

8.3.2 年度检修管理

德阳换流站检修工作围绕着年度检修这个核心，开展年检项目制定、所需备品备件的采购、检修合同的签订、施工三措书的编制、年检现场组织方案及安全措施的制定、年检验收及资料的整理工作。

8.3.2.1 检修项目的确定

换流站设备检修分为设备维修和试验。设备维修和试验项目由德阳换流站依据相关规程、厂家要求并结合设备运行实际情况提出，公司组织讨论确定，在掌握设备状态的基础上，积极稳妥的推行状态检修。

检修周期为1年的检修项目，年度检修中必须进行，检修周期为$N(N>1)$年的项目在N年中的第1年全部进行，或者每年抽取其中$1/N$的设备进行，N年内完成全部设备的检修项目。

8.3.2.2 检修计划管理

年度检修计划是计划检修工作的基础，月度检修计划是在年度检修计划的基础上结合现场设备实际情况编制的。

年度检修计划由德阳换流站相关检修、运维专业牵头编制，公司运维检修部组织德阳换流站、设备厂家讨论审核相关检修项目，根据国调安排确定年度检修时间。

8.3.2.3 检修过程管理

1. 检修准备

年度检修准备工作时间长，一般从每年的10月开始，到次年的4月结束。年检准备工作包括：年度检修项目制定、年度检修物资计划提报、年度检修合同签订、年度检修标准化作业指导书编制、年度检修组织方案编制、年度检修标准化验收卡修编。

年检准备工作是年检的重要工作，需要处理的缺陷必须纳入到年检标准化作业指导书中，根据缺陷及检修项目要提前对所需的人、财、物、机具等进行准备，并签订检修合同。为保障检修工作的安全有序进行，对设备要提前查勘，合理安排工作负责人，做好风险控制准备。年检为集中检修方式，对10天左右的检修设备和人员管控，要编制年检组织方案，做好组织管控措施准备，确保年检安全有序地进行。

2. 年检开工及过程管理

确保年检工作的安全和设备检修的质量，是年检工作的核心。各工作负责人根据审定的作业指导书，办理工作票，站内运行人员落实检修现场的安措布置及设备倒闸操作。

年检工作在保证安全和质量的前提下，有效组织、合理调配，严格按照既定的检修计划进行，确保检修进度不受影响。检修期间，检修人员严格按照作业指导书和设备的检修工艺要求开展检修工作，确保检修质量。工作负责人负责对检修范围内设备检修的安全、质量和进度进行全面管理，组织并参与安全措施的落实，检修质量的保证，现场的文明施工、验收及检修总结等各项工作。

3. 年检验收

年检验收采用"三级验收"的模式，一级验收为检修班组组织的验收，二级验收为德阳换流站组织的验收，三级验收为公司运检部进行的验收。

三级验收前，各作业现场工作负责人先提交竣工验收申请，德阳换流站确定验收时间后组织相关人员进行验收，并确定该项目是否通过验收，填写"工程竣工验收单"。

三级验收根据作业指导书和标准化验收卡逐项进行，验收内容包括检修项目是否完整，检修是否按照检修工艺要求进行，试验数据是否合格，缺陷是否完全消除。

设备验收结束后，工作负责人向运行人员进行详细检修交代，办理工作终结手续，运行人员对现场设备状态进行详细检查，确保设备安措已恢复，检修现场无异常。

8.3.2.4 检修后资料整理与总结

年检完成 1 周之内，由工作负责人提交检修报告和试验报告、作业指导书等原始资料。检修报告包括检修内容、检修中消除的重大设备缺陷及采取的主要措施、设备的重大改进和效果、检修后仍存在的主要问题及拟采取的措施和试验结果分析。班组审核相关资料后上交德阳换流站归档，德阳换流站组织人员进行 PMS 系统的设备试验报告录入工作。

8.3.2.5 检修后质量跟踪与评估

年检结束后，德阳换流站组织对检修过程中的安全、质量、进度进行总结性评估，对存在的问题制定进一步的改进措施，同时对检修设备的运行情况进行跟踪，定期对设备运行情况进行评价。由于检修工艺不到位或检修项目不全而引起的设备问题，应对相关责任人进行考核。

8.4 德阳换流站故障处理

8.4.1 事故处理基本原则

事故处理必须在换流站值长的统一指挥下进行。运行人员值班期间出现任何事故或异常情况时，必须马上报告值长并服从值长的指挥。运行设备出现事故或异常时，迅速限制故障发展，消除故障根源，解除对人身、设备和电网安全的威胁。同时尽力保证其他设备的正常运行及站用电源的正常供电，尽快故障设备恢复并正常送电，处理中严防误操作、非同期并列和故障扩大。

在故障发生时应根据表计、保护、报警事件及安自装置动作情况，进行分析判断，并及时、准确汇报。汇报内容应包括故障发生的时间及现象、设备状态变化、天气情况、有无设备运行状态（电压、电流、功率）越限、继电保护动作情况、现场检查及处理情况等。为防止故障扩大，运行值班员可不等待调度指令自行进行以下紧急操作：

（1）对人身和设备安全有威胁的设备停电。
（2）将故障停运已损坏的设备隔离。
（3）当站用电部分或全部停电时，恢复其电源。
（4）运行规程中规定可以不待调度指令自行处理者。
（5）故障处理时，只允许与故障处理有关的人员留在控制室内。
（6）故障处理完毕后，应将情况详细记录，按规定上报。

8.4.2 事故处理规定

在进行事故处理时，不同设备处理方式也不相同。本文根据设备类型分成以下几类：

1. 变压器故障处理

变压器开关跳闸时，如果变压器重瓦斯保护或差动保护动作跳闸，不得试送电；通过检查变压器外观、瓦斯气体、保护动作和故障录波等情况，确认变压器无内部故障后，可试送一次，有条件时应进行零起升压。当变压器后备过流保护动作跳闸，在找到故障并有效隔离后，可试送一次。

2. 母线故障处理

在母线发生故障或失压后，值班员应立即汇报调度，并同时将故障母线上的开关全部断开。在母线故障停电后，值班员应立即对停电的母线进行外部检查，并把检查情况汇报调度，并按下述原则进行处理：

（1）找到故障点并能迅速隔离的，在隔离故障后对停电母线恢复送电。

（2）找到故障点但不能很快隔离的，将该母线转为检修。

（3）经过检查不能找到故障点时，可对停电母线试送电一次。对停电母线进行试送电时，应尽可能用外来电源，试送开关必须完好，并有完备的继电保护，有条件者可对故障母线进行零起升压。

3. 开关故障处理

断路器操作时，若发生非全相运行，应立即拉开该断路器。断路器运行时发生单相或两相断开且三相不一致保护未跳开断路器运行相时，应立即将该断路器三相拉开。如断路器异常，出现"合闸闭锁"尚未出现"分闸闭锁"时，应立即拉开异常断路器。出现"分闸闭锁"时，应停用断路器的操作电源。经过刀闸拉环流试验的设备，可用刀闸拉开环流隔离异常断路器；未经过试验的设备，需断开相邻带电设备来隔离异常断路器。

4. 线路故障处理

线路故障跳闸后，应立即按相关规定控制断面潮流和母线电压，更改安控方式，并及时试送，一般试送一次。如试送不成功，再次试送须经有关领导同意。在选择试送端和试送开关时，应确认站内相关一、二次设备具备带电运行条件。

线路保护、线路高抗保护均动作跳闸时，应在查明线路高抗保护动作原因并消除故障后试送。带串补的线路应先将串补转冷备用或检修，再进行试送。带电作业线路故障跳闸后，试送前须同带电作业申请单位确认是否具备试送条件。

5. 通信中断故障处理

当调度与换流站间的通信中断时，换流站的运行方式尽可能保持不变。正在进行检修的设备，在通信中断期间完工，可以恢复运行时，只能待通信恢复正常后，再恢复运行。当调度下达操作指令后，受令方未重复指令或虽已重复指令但未经调度同意执行操作前，失去通信联系，则该操作指令不得执行；若调度已经同意执行操作，可以将该操作指令全部执行完毕。调度在下达操作指令后而未接到完成操作指令的报告前，与受令单位失去通信联系，则仍认为该操作指令正在执行中。凡涉及调度管辖系统安全问题的或时间上没有特殊要求的调度业务联系，失去通信联系后，在与调度联系前不得自行处理，紧急情况下按规程规定处理。在通信恢复后，应立即向调度补报在通信中断期间一切应汇报事项。

6. 直流输电系统故障处理

（1）直流线路故障，再启动失败致使直流系统某极停运时，根据情况，允许对该极线路进行一次降压空载加压试验。若试验成功，可再进行一次额定电压空载加压试验。试验成功后，可以恢复相应极系统运行。

（2）换流变、平波电抗器等直流设备应定期进行油色谱分析等常规检查，当送检项目指标出现恶化趋势时，换流站应主动汇报；当送检项目指标达到国家或行业规定的告警值时，换流站应及时申请采取必要措施。

（3）运行的交流滤波器因故障需退出运行时，换流站在确认备用交流滤波器具备运行条件后，经调度许可，可以进行手动投切交流滤波器（先投后切）的操作，交流滤波器的投切顺序按站内有关规程执行。

（4）换流阀和阀冷却系统在运行中发生异常时，按站内有关规程处理。当发生换流阀冷却水超温、换流变油温高等影响直流输电系统送电能力的设备报警时，换流站可向调度汇报并提出降低直流输送功率等措施，调度根据电网情况处理。

（5）站用电系统仅剩一路电源时，应立即向调度汇报，同时采取措施保障设备可靠运行，尽快使其他站用电源恢复供电。

（6）换流站值班员应熟记站内线路允许载流量限额，密切监视线路电流。当电流达到限额值的80%时，应立即向调度汇报。

（7）直流控制保护系统发生异常情况时，换流站应立即向调度汇报，并尽快处理，保障冗余控制保护系统可靠运行，处理过程避免对运行系统造成影响。

8.4.3 典型故障处理

8.4.3.1 德阳换流站"极Ⅰ换流变Y/ΔC相有载开关1重瓦斯A套跳闸"故障

1. 事故简介

2012年8月12日06:39，极Ⅰ直流控制系统A发出"极Ⅰ换流变Y/DC相有载调压开关1

重瓦斯A套跳闸"告警，因极Ⅰ换流变非电量保护为"三取二"逻辑，有载调压开关1重瓦斯保护未动作出口，极Ⅰ直流系统功率输送正常。07:00，有载调压开关1重瓦斯A套跳闸告警信号复归；07:51，告警再次发出，并不能自动复归。

2. 故障检查及原因分析

1）故障检查

有载调压开关保护配置：德阳换流站每台换流变配置两台有载调压开关，每个有载调压开关分别配置1台BF25/10型瓦斯继电器（跳闸）、1台URF25/10型油流继电器（跳闸）、1台压力继电器（信号）和1台压力释放阀（信号）。

有载调压开关瓦斯继电器在发生电弧、短路和过热时产生大量气体，气体聚集在瓦斯继电器上部。当瓦斯继电器内收集到250 ml气体时，上部浮球下降到一定位置，报警接点被磁铁吸合，从而发轻瓦斯报警信号。

BF25/10瓦斯继电器跳闸装置通过中间挡板与报警装置分开，重瓦斯挡板装在两个固定座之间，跳闸浮球和重瓦斯挡板固定在一起。当有载调压开关油箱中发生严重故障时，油的体积会急剧增大，油流速度较快时 [达到（1±15%）m/s]，推动重瓦斯挡板向前移动，跳闸浮球被压下，两副跳闸接点都会被相应位置的磁铁吸合，从而实现跳闸出口，如图8-1所示。

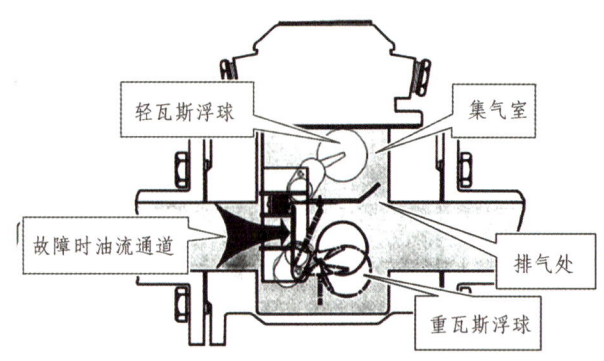

图8-1　BF25/10瓦斯继电器内部结构图

此类型瓦斯继电器能够实现报警和跳闸两种功能。正常情况下，气体可通过排气管排除气体，不会因为气体累积过多引起中瓦斯保护误动，只有油流速度过快才能使跳闸接点闭合，跳闸出口。

有载调压开关URF25/10型油流瓦斯继电器安装于换流变有载调压开关1、2处，无轻瓦斯报警功能，仅实现重瓦斯跳闸功能，该油流继电器油流挡板安装在两个固定座之间，当换流变分接头油箱中发生严重故障时，油流速度较快 [达到（1±15%）m/s]，推动重瓦斯挡板向前移动，三副跳闸接点都会被相应位置的磁铁吸合，从而实现跳闸功能。

由于有载调压开关频繁动作可能产生气体，故有载调压开关采用挡板式油流继电器，无浮球，所以不会由于气体累积导致保护误动，只有油流速度过快引起接点闭合时，跳闸出口。有载调压开关、瓦斯继电器和油流继电器现场安装图如图 8-2 所示。

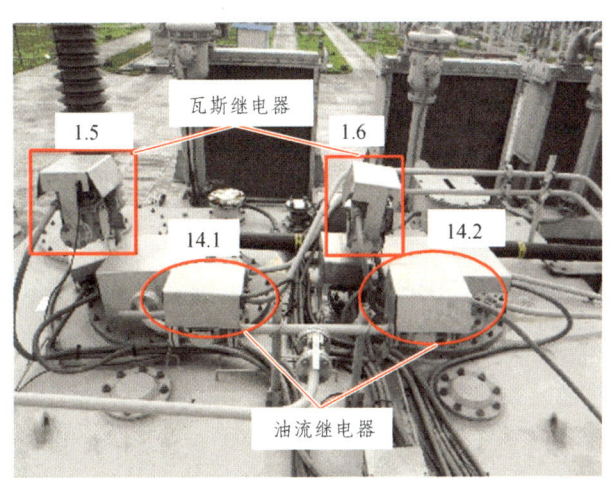

图 8-2　有载调压开关瓦斯继电器和油流继电器现场安装图

德阳换流站换流变有载调压开关瓦斯继电器在 2012 年 5 月份年度检修期间进行了更换，并进行了"三取二"的逻辑改造，改造前两幅独立的重瓦斯跳闸接点分别接入两套换流变非电量保护装置，任何一接点动作，均直接跳闸出口，为防止瓦斯继电器误动，在本次"三取二"逻辑改造中，将原来两幅轻瓦斯报警接点并接成一副接点信号，与两幅重瓦斯跳闸接点组成三幅接点信号一并接入直流控制系统，当任意两个接点动作，重瓦斯保护才会出口跳闸，实现"三取二"跳闸逻辑。

德阳换流站换流变有载调压开关油流继电器安装于有载调压开关油枕与有载调压开关本体之间油管回路上，在今年年度检修期间，更换为具有三副跳闸接点的新型油流继电器，三副跳闸接点接入控制系统进行"三取二"逻辑判断，当任意两个接点动作，油流保护才会出口跳闸。

德阳换流站运行人员在极 I 换流变（Y/D 联结）C 相发出有载调压开关 1 跳闸告警时，立即至现场对换流变进行了全面检查，有载调压开关 1 无漏油情况，瓦斯继电器集气盒无瓦斯气体出现，同时该相换流变气体在线监测装置表明各气体含量无突变情况发生，且各气体含量在正常范围之内。

2）故障原因分析

经查看图纸，有载调压开关 1 重瓦斯 A 套跳闸接点从有载调压开关顶部继电器引出后，首先经过本体端子箱转接至非电量接口柜，由非电量接口柜采集该接点信号进入直流控制系统，依次从非电量接口柜到本体端子箱检查有载开关1、重瓦斯A套，跳闸接点电位均为高电位。

在有载调压开关1瓦斯继电器重瓦斯A套跳闸告警发出时，轻瓦斯和另一副跳闸接点未动作，有载调压开关1压力释放阀未动作，换流变相关电气量保护未动作，且换流变各项在线气体含量无突变情况发生，基本排除换流变有载调压开关内部出现故障的可能。由于站内近期为晴朗天气，同时瓦斯继电器防雨罩安装良好，排除瓦斯继电器接线盒内部受潮可能，同时第一次告警在有载调压开关1调挡时产生的振动使告警复归，初步分析告警为瓦斯继电器内部干簧接点1误动作或接线盒内跳闸接点1二次电缆破损粘连短路造成，因换流变带电运行，故无法进行下一步检查和确认。

3）故障处理

德阳换流站将极Ⅰ换流变（Y/Δ联结）C相有载开关1瓦斯继电器重瓦斯跳闸接点1端子断开，避免重瓦斯跳闸接点2或轻瓦斯接点误动造成直流系统闭锁。同时变电检修中心对该相换流变取各部取油样进行分析化验，并加强换流变特殊巡视，每隔四小时对有载调压开关1进行外观检查，并检查瓦斯继电器取气盒是否有瓦斯气体出现，出现异常情况时则立即按照现场应急处置预案进行处理。

8.4.3.2 德阳换流站"06月26日5613交流滤波器跳闸"故障

1. 事故简介

2015年06月27日08:03:37:256，5613交流滤波器自动投入运行。08:03:37：296，事件记录发出"#61M5613滤波器Ⅰ保护RCS976A_SC比例差动动作"的告警。08:03:37：327，AFC3 A、B系统收到5613交流滤波器A装置 跳闸信号。08:03:37：344，5613开关分闸并锁定退出。08:03:47：506，5614交流滤波器投入运行正常，直流系统输送功率未受影响。

2. 故障检查及原因分析

1）故障检查

故障出现后，当值值班人员立即汇报国调，并向公司生产调度进行了即时汇报。值班人员人员迅速赶到现场检查一、二次设备运行情况。现场检查一次设备无异常；检查发现5613交流滤波器保护1图8-3）RCS-976装置跳闸灯亮，装置显示08：03：37比率差动动作，5613开关操作继电器箱CZX-12R2装置跳闸（图8-4），"TA、TB、TC"指示灯点亮。5613交流滤波器保护2 RCS-976装置无保护启动信号。

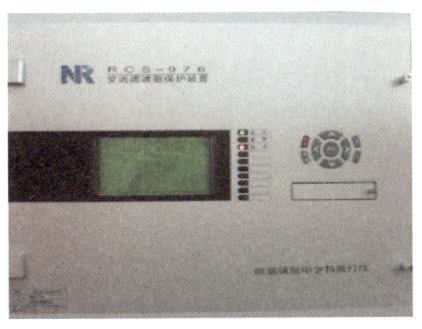 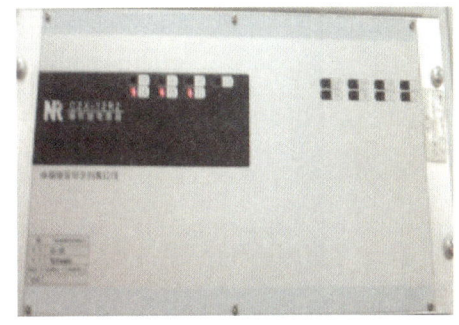

图 8-3　5613 交流滤波器保护 1 动作情况　　图 8-4　5613 开关操作继电器箱动作情况

查看 5613 交流滤波器保护 1 RCS-976 装置故障波形（图 8-5），差动 A 相电流为 0.01 I_e，差动 B 相电流达到为 1.01I_e，差动 C 相电流为 0.01I_e，差动启动定值为 0.3 I_e，差动比率系数为 0.4，B 相电流达到比率差动动作定值，保护动作正确。故障时刻，该套装置中 B 相首段电流为 1.01 I_e，末端穿越电流 I_{TB} 为零。

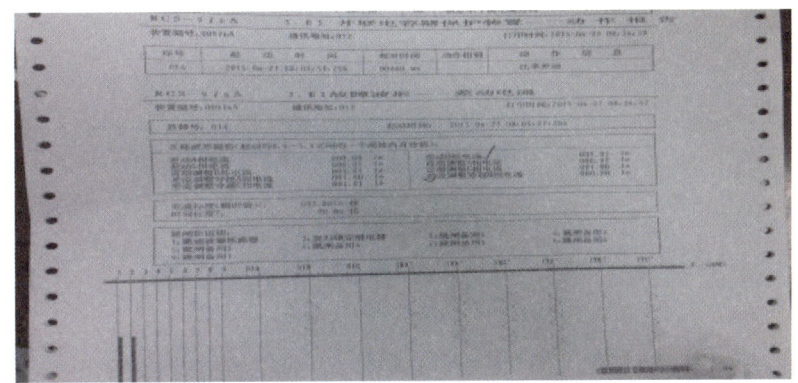

图 8-5　5613 交流滤波器保护 1 故障波形

查看 51 小室故障录波装置故障时刻波形，故障时 5613 交流滤波器高端电流、低端穿越电流均无异常，故障录波装置 5613 末端穿越电流（图 8-6）采样是从 5613 交流滤波器保护装置 1 中串联，因此故障跳闸初步判断是由于 5613 交流滤波器保护装置 1 未采集到 B 相末端穿越电流 I_{TB} 引起的。

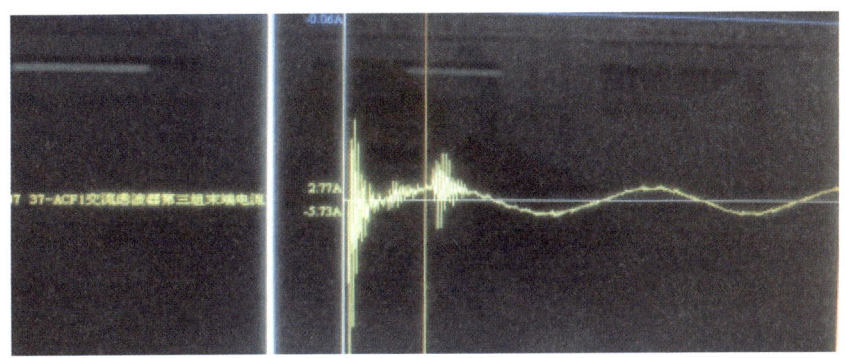

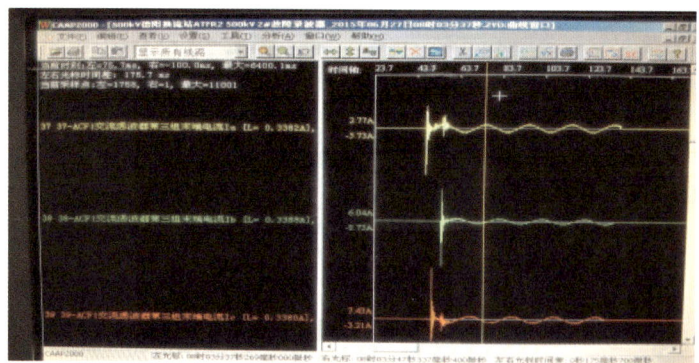

图 8-6　故障录波装置中故障时 5613 交流滤波器末端电流波形

5613 滤波器类型为并联电容器，保护配置和电流回路如图 8-7 和图 8-8 所示，保护装置比例差动动作特性图 8-9 所示。

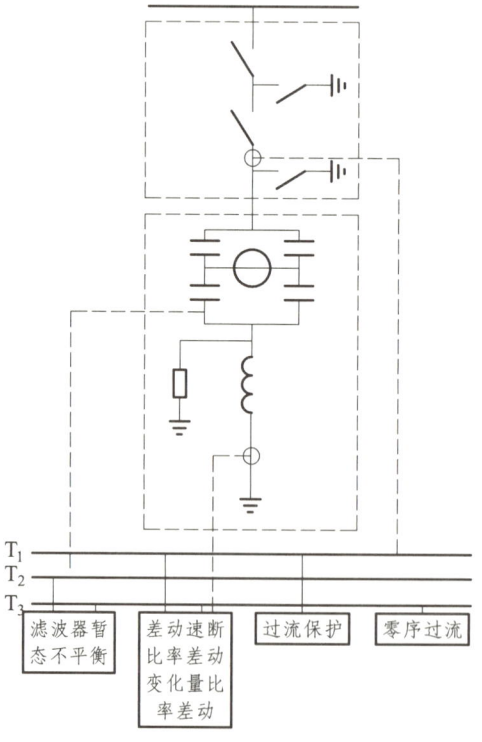

图 8-7　5613 交流滤波器保护配置

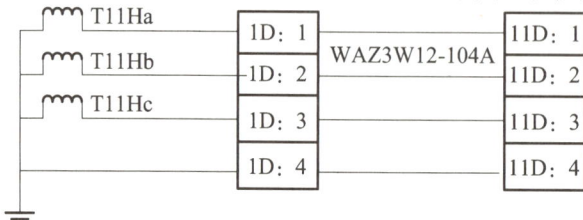

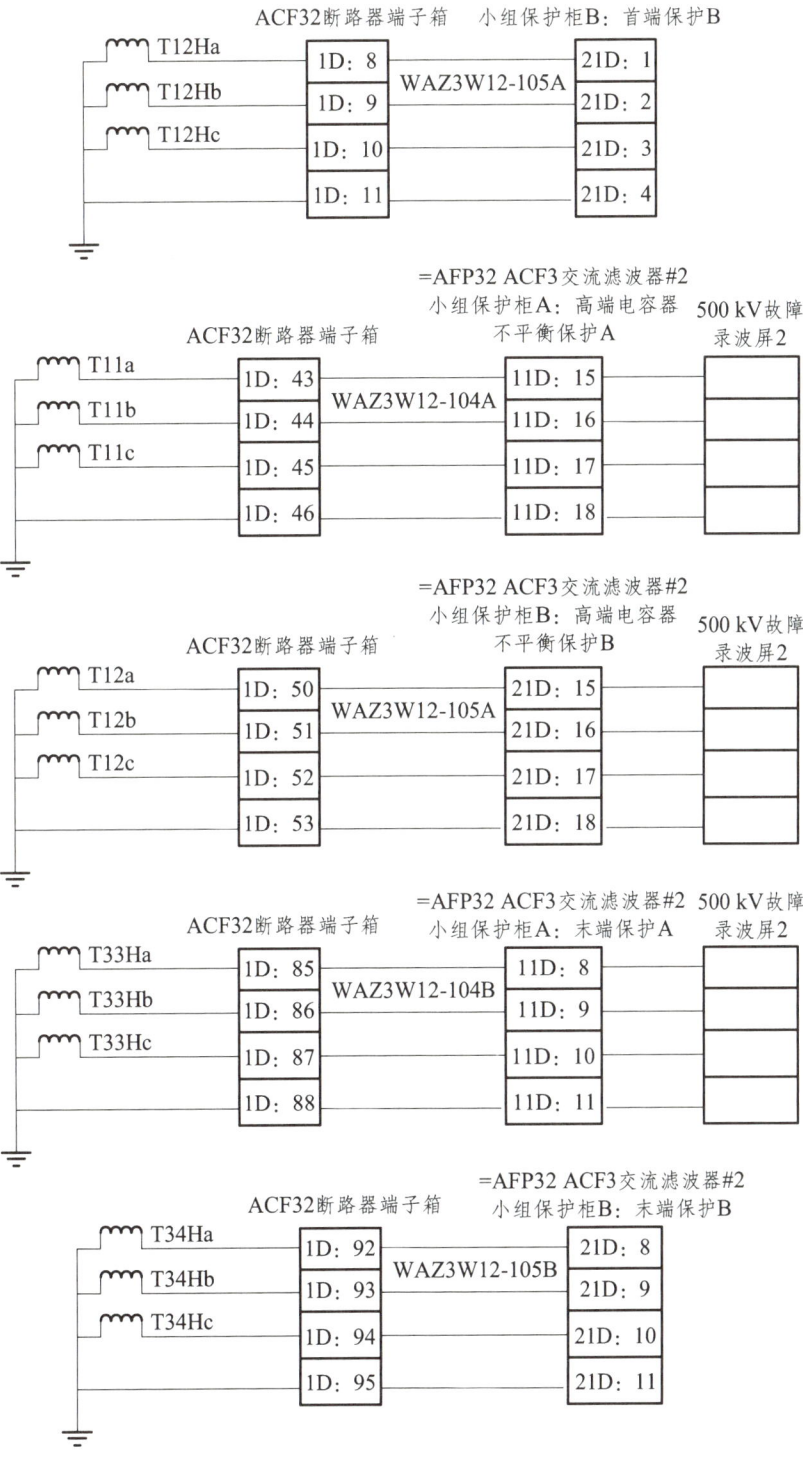

图 8-8　5613 交流滤波器保护电流回路图

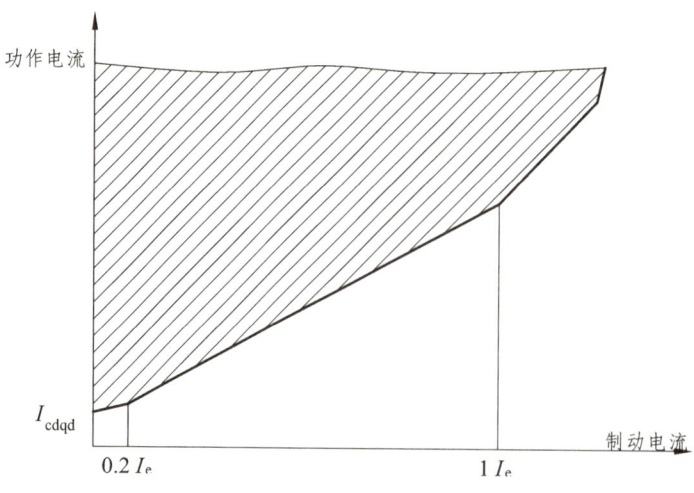

图 8-9 比例差动动作特性

对于稳态比率差动的两个拐点电流，装置分别取为 $0.2I_e$ 和 I_e，其中 I_e 为交流滤波器额定的穿越电流。故障时，首端调整 B 相电流：$1.01I_e$，末端调整 B 相电流：$0.00I_e$，制动电流 $I_r=0.505I_e$。启动电流 $I_{cdqd}=0.3I_e$ 动作特性第一个拐点对应的差动电流值 $I_{d1}=0.34I_e$。故障时，制动电流在 $0.2I_e$ 和 I_e 之间，比例系数为定值 0.4，差动电流 $I_d=1.01I_e$，（1.01－0.34）/（0.505－0.2）= 2.2>0.4，差动电流落在动作区，保护装置比例差动动作出口跳闸，比例差动动作逻辑如图 8-10 所示。

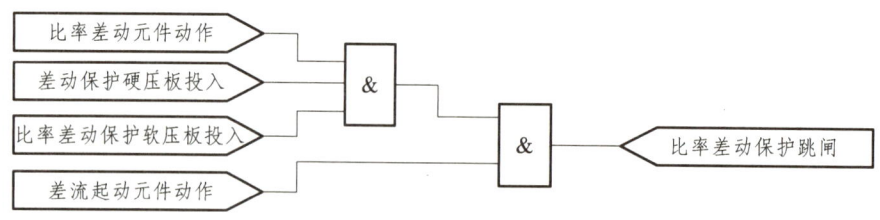

图 8-10 比例差动动作逻辑图

2）故障原因分析

故障出现后，运行人员向国调申请将 5613 滤波器转入检修状态，退出 5613 交流滤波器保护装置 1、2。检修人员首先进入 5613 交流滤波器围栏对末端 CT 本体和围栏内其他设备进行了详细检查，未见明显异常，末端 CT 本体如图 8-11 所示。检修人员在 5613 滤波器保护屏柜后，对保护装置 1 通过继电保护仪注入了二次末端穿越电流，保护装置 1A、C 相采样电流均正常，B 相电流为零，如图 8-12 所示。随后更换了采样插件，更换下的电流插件如图 8-13 所示，再次注入末端穿越电流，保护装置 A、B、C 相采样均正常，如图 8-14 所示。然后在 5613 断路器端子箱处，测量了 5613 保护装置 1 末端穿越电流 A、B、C、N 线对地绝缘电阻，均大于 50 MΩ，通过现场检查和试验基本上确定本次故障为 5613 交流滤波器保护装置 1 交流采样插件故障所致。

图 8-11 5613 末端 CT

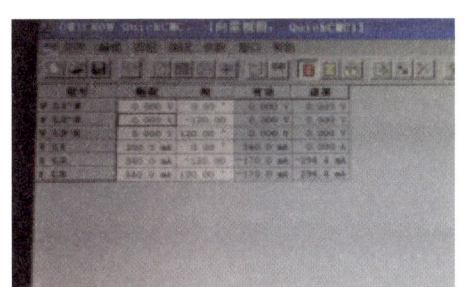 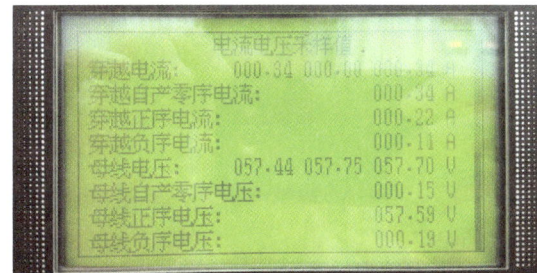

图 8-12 故障插件更换前末端穿越电流注入值和采样值

图 8-13 更换的交流插件

图 8-14 故障插件更换后末端穿越电流注入值和采样值

3）故障处理

更换了采样插件，检修结束后，运行人员向国调申请手动将 5613 滤波器投入运行，现场检查 5613 交流滤波器保护装置 1、2 运行均正常，其中 5613 交流滤波器保护装置 1 末端穿越电流采样值及首端和末端的差流值分别如 8-15 和图 8-16 所示。

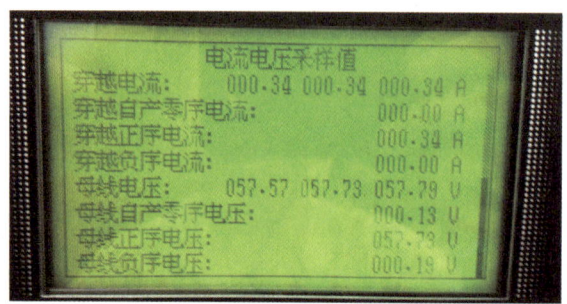

图 8-15　5613 交流滤波器投入运行后保护装置 1 末端穿越电流采样值

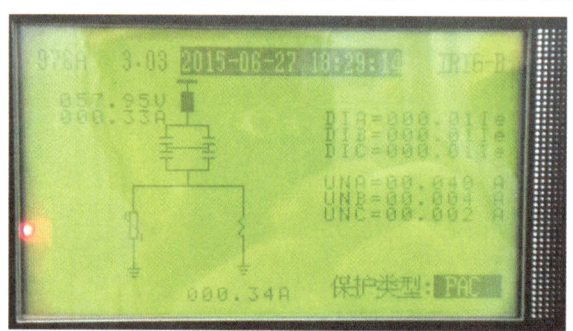

图 8-16　5613 交流滤波器投入运行后保护装置 1 差动电流计算差值

8.4.3.3　德阳换流站"极Ⅱ 022LB 直流滤波器不平衡光 CT"故障

1. 事故简介

德阳换流站极Ⅱ 022LB 直流滤波器不平衡光 CT 本体型号：PCS-9250-EAC-258-2，接口装置型号：PCS-221，二者均为南瑞公司产品，直流滤波器不平衡光 CT 整个二次回路涉及三个环节：远端采集模块（图 8-18）、传输光纤和室内接口装置，其中远端模块与接口装置的对应关系如图 8-17 所示。

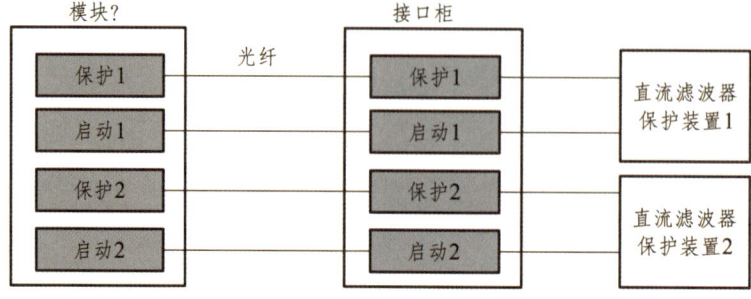

图 8-17　不平衡光 CT 二次回路示意图

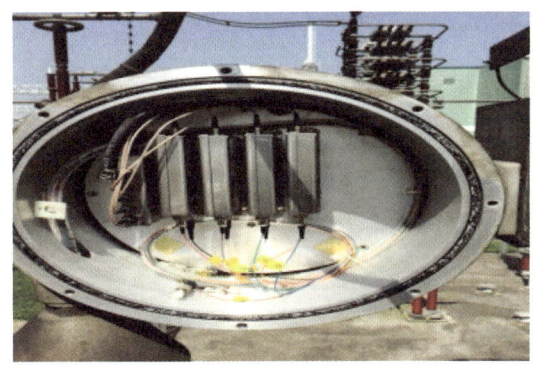

图 8-18 远端模块（从右至左依次对应保护 1、启动 1、保护 2、启动 2）

2. 故障检查及原因分析

1）故障检查

对接口柜内启动 1、保护 2、启动 2 三台曾经报警过的三台接口装置进行了检测。检测方法为：断开装置与远端模块的光纤回路，直接用标准短光纤连接远端模块（厂家自带的新模块）和接口装置，观察驱动电流和接收电平两相参数，三台装置试验前后参数对比表如表 8-3、8-4、8-5 所示。

表 8-3 启动 1 接口装置

原始数据		试验数据	
驱动电流 /mA	接收电平 /mV	驱动电流 /mA	接收电平 /mV
580	1416	570	2880

表 8-4 保护 2 接口装置

原始数据		试验数据	
驱动电流 /mA	接收电平 /mV	驱动电流 /mA	接收电平 /mV
611	1733	586	2993

表 8-5 启动 2 接口装置

原始数据		试验数据	
驱动电流 /mA	接收电平 /mV	驱动电流 /mA	接收电平 /mV
534	1396	605	2807

接口装置驱动电流高于 800 mA，就会产生驱动电流高报警，接收电平低于 900 mV，就会产生接收电平低报警。从试验数据来看，接口装置直连远端模块后，各项参数均在正常范围内，且明显优于接现场远端模块的数据，因此可以排除接口装置故障这个原因。

打开本体远端模块接线盒，对所有的光纤进行了衰耗测试，测试值如表 8-6 所示。

表 8-6 光纤损耗测试值

保护1功能光纤损耗 /-dB	保护1数据光纤损耗 /-dB	启动1功能光纤损耗 /-dB	启动1数据光纤损耗 /-dB	保护1功能光纤损耗 /-dB	保护1数据光纤损耗 /-dB	启动2功能光纤损耗	启动2数据光纤损耗
6.9	7.3	6.6	7	7.4	7.4	6.4	7.6

2）故障原因分析

用标准短光纤衰耗测试值 6.8 单位左右，从以上测试值来看，光纤衰耗无明显偏大的情况。接线盒内功能光纤和数据光纤备用芯各两根，其中备用芯 4 号和 12 号为数据光纤，9 号和 11 号为备用功能光纤。考虑到启动 1 和启动 2 接收电平大概在 1400 mA 左右，于是用 4 和 10 号备用芯分别代替正在使用的数据光纤后，测试接收电平均只有 1200 mA 左右，备用芯性能不如在用数据光纤，于是换回原数据光纤；考虑到 4 个接口装置驱动电流没有明显偏高的情况，没有用备用功能光纤取代在用功能光纤进行试验。

用备用远端模块取代启动 1 远端模块后，激光电流为 752 mA，比在用模块激光电流明显增大，最终换回原远端模块。

3）故障处理

通过排查排除了接口装置故障或远端模块故障的原因，初步认为是光纤绝缘子上下端锁紧头设计缺陷导致接口装置频繁报警、复归。

工作人员对两端光纤头进行了清洁，极Ⅱ 022LB 直流滤波器不平衡光 CT 四组接口装置监视参数均在正常范围内，可暂时投入运行。运行人员加强对极Ⅱ四台接口装置驱动电流和接收电平的监视和记录，每天记录两次，分别为上午 9 时和下午 5 时，密切关注变化趋势，做好对比分析，进一步明确故障原因。

厂家近期将发送 2 只光纤绝缘子备品到德阳换流站现场，如果接口装置监视的参数持续变差，应及时申请将直流滤波器停电进行光纤绝缘子更换。

8.4.3.4 德阳站 2010 年 12 月 7 日极Ⅱ直流保护主机 P2PPRA 故障导致极闭锁

1. 事故简介

1）事故前运行工况

功率方向：宝鸡→德阳

输送功率：双极 1500 MW。

控制系统：P2 PCPA 系统在"值班"状态，P2 PCPB 系统在"备用"状态，P2 PPRA、P2 PPRB 系统均在"值班"状态。

2）故障现象

2010 年 12 月 07 日 23 时 16 分 41 秒，极Ⅱ直流系统 P2PPRA 系统报：主 CPU 停运，保护出口闭锁，PCIA 故障。23 时 18 分 03 秒，极Ⅱ PCPA 发：保护 X 闭锁。极Ⅱ直流系统停运，极Ⅱ直流系统负荷转移至极Ⅰ直流系统，未造成输送功率的降低，极Ⅰ直流系统输送功率 1500 MW 运行正常。

3）故障事件列表

23:16:41　P2PPRA　主 CPU 停运

23:16:41　P2PPRA　紧急故障出现

23:16:41　P2PPRA　保护出口闭锁

23:16:41　P2PPRA　保护闭锁

23:16:41　P2PPRA　CAN 通道切换至 2

23:16:41　P2PPRA　保护检测到系统扰动

23:16:41　P2PPRA　纵向差动保护闭锁

23:16:42　P2PCPA　本极控系统与两套直流保护系统间联系失去一路

23:16:42　P2PCPB　本极控系统与两套直流保护系统间联系失去一路

23:16:44　P2PPRA　PCIA 故障

23:16:51　P2PPRA　保护长期起动（起动编码 8257600:274）

23:18:02　P2PPRA　另一极 IDNE 测量异常

23:18:03　VBE_B　极 2_VBE_D1D4 旁通运行模式出现

23:18:03　P2PCPA　保护 X 闭锁已执行

23:18:03　P2PCPA　移相命令已执行

23:18:03　P2PCPB　保护 X 闭锁已执行

23:18:03　P2PCPB　移相命令已执行

2. 故障检查及原因分析

1）故障检查

运行值班人员迅速到现场检查极Ⅱ PPRA 的故障情况和极Ⅱ PCP 的动作情况。检查确认极Ⅱ PPRB 运行正常，站网结构图上显示极Ⅱ PPRA 为紧急故障，并且伴有故障闪烁指示，如图 8-19 所示。极Ⅱ PPRA 主机实物图如图 8-20 所示。

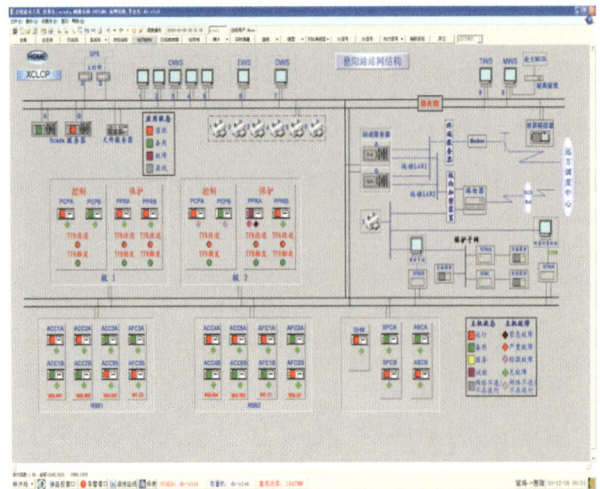

图 8-19 站网结构图

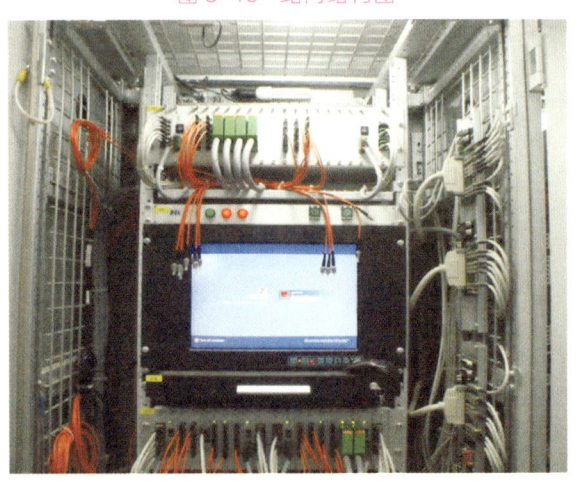

图 8-20 极Ⅱ PPRA 主机

2）故障原因分析

通过对事件记录、故障录波、现场设备情况进行综合分析，可得到以下结论：

（1）首先排除阀基电子设备 VBE 故障的可能性，因为如果 VBE 故障，极控会检测到换流阀触发故障，同时 VBE 也会进行切换。

（2）其次排除水冷、换流变等系统导致的极闭锁，因为极控主机 PCPA 发 X 闭锁命令，无任何外部开入量输入。

（3）因为极Ⅱ PPRA 主 CPU、PCI 板卡相继故障至极Ⅱ闭锁期间，极Ⅱ PCPA、PCPB、PPRB 均无任何异常信号，故障录波波形正常，由此排除换流阀、直流场设备等一次设备故障。

（4）极Ⅱ PPRA 可能存在程序紊乱的问题，导致控制系统闭锁，因为在将极Ⅱ PPRA 由运行打至试验后，运行灯仍然闪烁；极Ⅱ PPRA 故障后，报文存在乱码。经过分析初步认定极Ⅱ直流系统闭锁由极Ⅱ PPRA 主 CPU、PCIA 板卡故障引起的可能性最大。

根据上述分析可知，极Ⅱ直流控制系统执行 X 闭锁引起极Ⅱ停运，根据控制程序（PCIA/BSQ_PRBL.hgf）分析，X_block 信号有两个来源：控制主 CPU 程序送至控制 PCIA 板卡和保护 PCIA 板卡送至控制主机 PCIA 板卡。

根据控制护程序分析，控制主 CPU 程序送至控制 PCIA 板卡的 X 闭锁信号主来源于误触发保护（VMP），根据事件记录，控制系统并无 VMP 相关事件发生，另外控制 A、B 系统均正常，且控制 A、B 系统故障录波中均有 X 闭锁信号。P2 PCPA 系统故障录波如图 8-21 所示，P2 PPRA 系统锁闭后录波如图 8-22 所示。

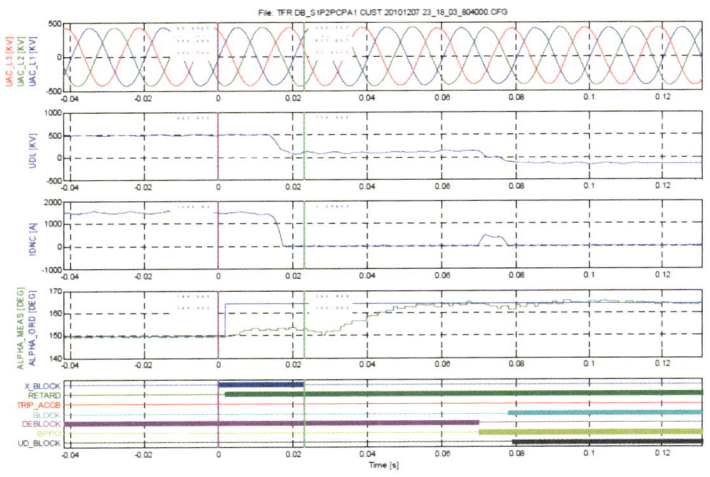

图 8-21　P2 PCPA 系统故障录波

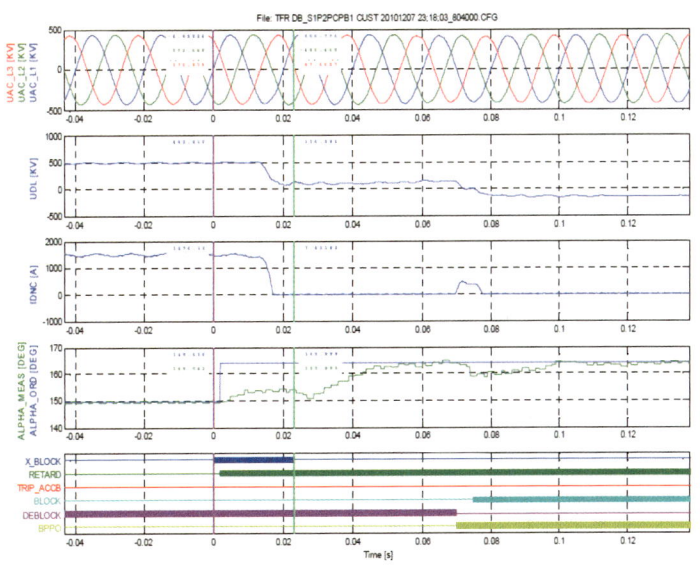

图 8-22　P2 PCPB 系统故障录波

由于控制主机一切正常，而且 A、B 系统同时收到 X 闭锁信号，可排除 X 闭锁信号由控制主 CPU 程序送至控制 PCIA 板卡，应该是收到保护系统发送的 X 闭锁信号。根据极 II 停运前后的 P2 PPRA 的 PCIA 板卡故障录波可进一步确认 PCIA 板卡上数据异常，该异常可能是硬件故障造成。P2 PCPB 系统锁闭前、后录波分别如图 8-23、图 8-24 所示。

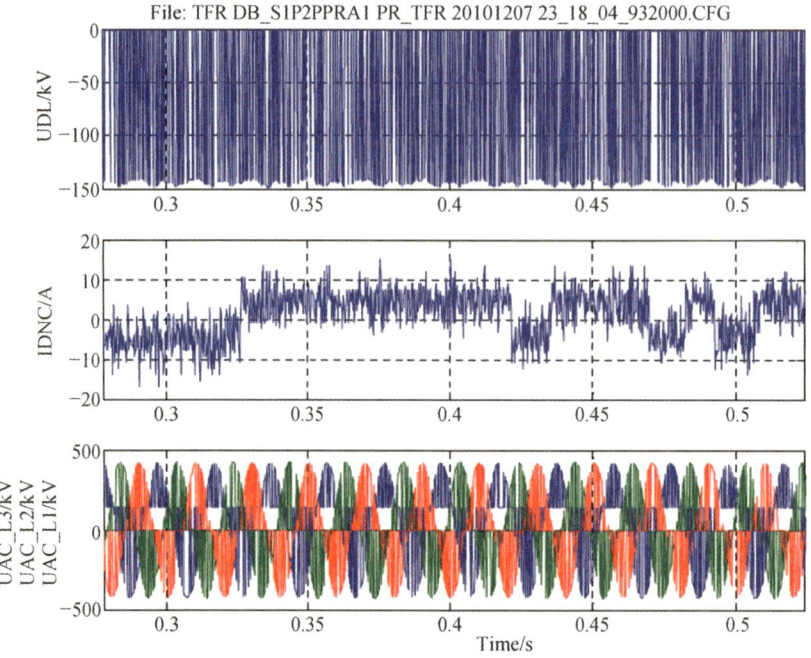

图 8-23　P2 PPRA 系统闭锁前录波

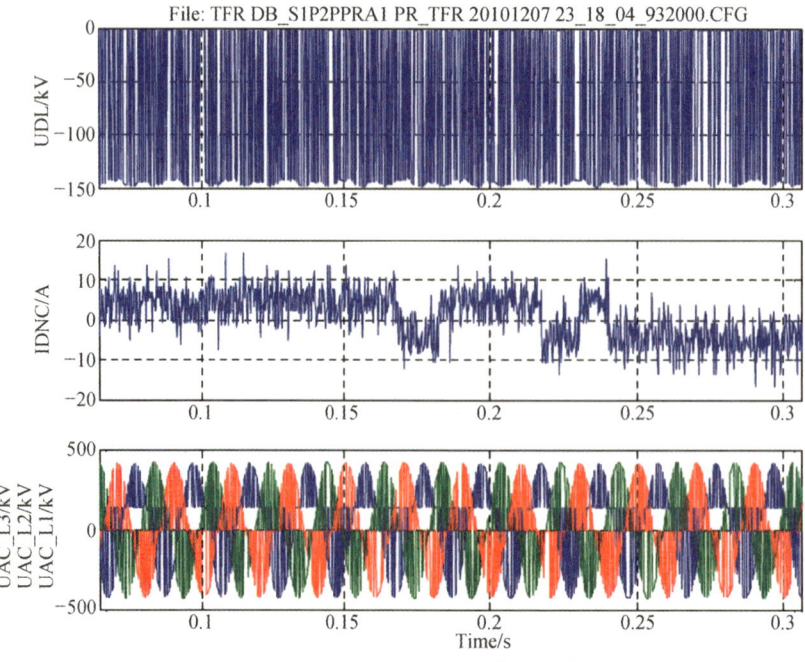

图 8-24　P2 PPRA 系统闭锁后录波

故障前后交流电压 U_{ac} 一直正常，但是上述两个录波（P2 PPRA 的 PCIA 板卡所录）中的 U_{ac} 均不正常，可表明 P2 PPRA 的 PCIA 板卡数据已经出错。结合 P2 PPRA 故障信息（主 CPU 停运和 PCIA 故障），可基本确认为 P2 PPRA 的 PCIA 板卡硬件问题。

3）故障处理

对 P2 PPRA 主机及 PCIA（PS8012）板卡进行更换后，P2 PPRA 主机重启，故障信号消失，极Ⅱ解锁，恢复正常运行。

8.4.3.5　德阳换流站极 1 站间和极间通信故障分析及处理

1. 事故简介

1）故障前运行工况

功率方向：宝鸡 → 德阳。

输送功率：双极 2020 MW。

控制系统：P2PCPA 系统在"值班"状态，P2 PCPB 系统在"备用"状态，P2 PPRA、P2 PPRB 系统均在"值班"状态。

2）故障现象

德阳换流站 SCADA 监控系统报 15:17:22 P1 PCPA 切换逻辑由"备用"切至"运行"，P1 PCPB 发出"主机 1 PCIA DSP/TDM 故障，故障 -65537""紧急故障出现"的报警并瞬时复归，P1 PCPB 切换逻辑退出备用至"服务"状态。P1 PCPA 发出"通道 D 故障""通道 A 故障""站间通信故障"的报警。P2 PCPA 发出"极间 B 通道故障""极间 A 通道故障"的报警。P1 PCPB 发出"通道 D 故障""通道 A 故障""站间通信故障"的报警。P2 PCPA 发出"极间通信故障"的报警。P1 PCPA\B、P2 PCPA\B 无功功率控制选择退出，P1 PCPA\B、P2 PCPA\B 双极功率控制退出。事件报文截图如图 8-25 和图 8-26 所示。

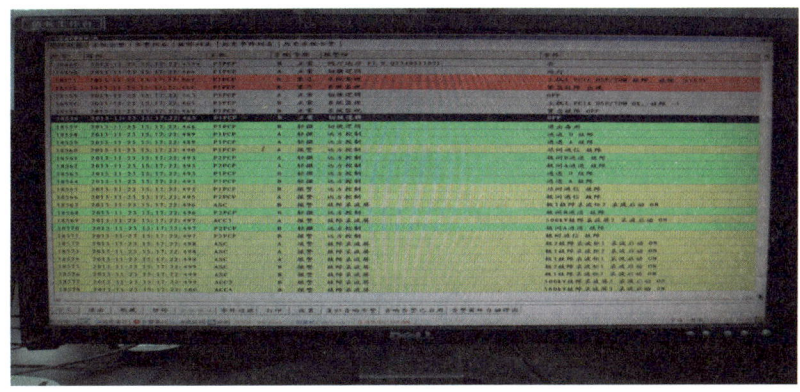

图 8-25　事件报文截图

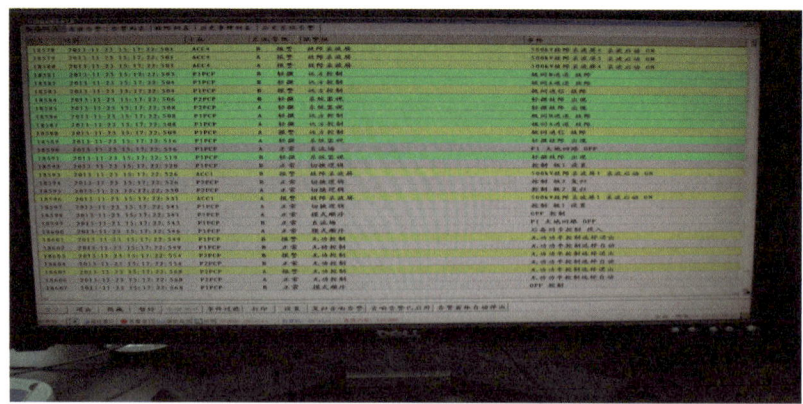

图 8-26 事件报文截图

2. 故障检查及原因分析

1）故障检查

当站间通信故障时，监盘界面上故障报出后，顺控流程界面显示"无功控制退出，极 I、极 II 有功控制方式由双极功率控制转为单极功率控制，极 I 站间通信异常"。国调下令德阳换流站进行直流功率调整，但发现德阳站无法进行功率调整，然后由宝鸡站进行功率调整。

检查 P1 PCPA2、P1 PCPB2 柜，发现 P1 PCPA2、P1 PCPB2 柜内四块 QHLD335 板卡运行指示灯熄灭（图 8-27），初步怀疑为 P1 PCPB 系统故障引起的通信异常，然后向国调申请将 P1 PCPB 切至"试验"进行重启，故障未能消除。

图 8-27 QHLD335 板卡运行指示灯熄灭

再检查 P1 PCP A1 柜，发现柜内 RS931A 板卡 ACTIVE 运行指示灯熄灭（图 8-28），正常运行情况下，值班系统的 RS931A 板卡 ACTIVE 运行指示灯应该点亮。根据以上情况，运维人员怀疑为 P1 PCPA 发给极 I A、B 系统柜内的四块 QHLD335 板卡的 ACTIVE 信号丢失。分析后，将 P1 PCPB 由"试验"切至"备用"状态，转运行后站间、极间通信故障恢复。

图 8-28 RS931A 板卡 ACTIVE 运行指示灯熄灭

2）故障分析

控制系统极间及站间通信原理如图 8-29 和图 8-30 所示。

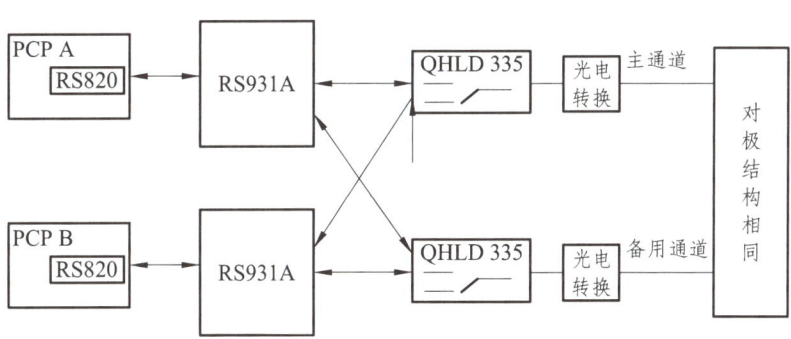

图 8-29 极间通信结构图

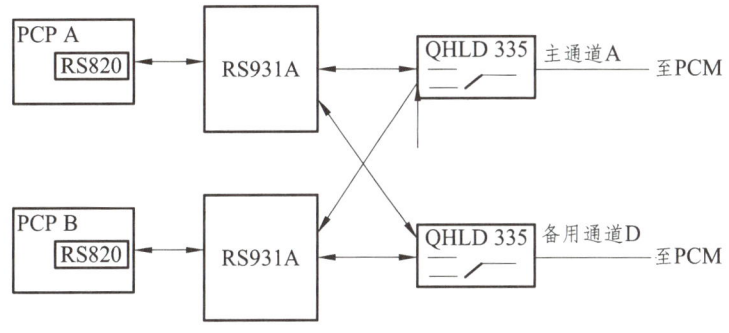

图 8-30 站间通信结构图

控制主机内的 PCIF 插槽内有块 RS820 通信管理板负责系统间、站间通信和极间通信。该板块通过 100 芯线与接口转换板 RS931A 相连接，接口转换板 RS931A 是 RS820 与其他外围板卡之间的接口转换板。从 RS931A 接口板发出的信号还需通过通信切换板 QHLD335，该板用于选择当前值班控制系统与另外一极以及对站控制系统进行通信，通信切换板 QHLD335 必须有当前值班控制系统提供的 ACTIVE 信号才能正常工作，每套控制系统内装有两块通信切换板 QHLD335，一块负责极间通信，另外一块负责站间通信。通过 Hidraw 软件打开控保程序可以发现当极间 A、B 通道均故障时报极间通信故障，当站间 A、D 通道均故障时报站间通信故障。通过以上检查情况可总结如下：

（1）故障前，P1 PCPB 系统在值班状态，由于此时 B 系统检测到主机内部瞬间故障（该故障等级为紧急故障），此时切换系统并退出备用，A 系统自动进入值班状态，但 A 系统上的 RS931A 板卡上的 ACTIVE 指示灯不亮，进而导致用于站间、极间通信切换的 QHLD335 板卡失去 ACTIVE 信号，无法正常工作。而极间、站间通信是经 QHLD335 切换后的值班主机之间的通信，所以 QHLD335 板卡不能正常工作导致极间、站间通信故障。

（2）在运维人员将 P1 PCPB 系统转至值班状态后，站间、极间通信故障消失。由此可以判断，是由 P1 PCPA 系统 RS931A 板卡故障引起了本次通信故障，P1 PCPB 系统运行正常。最后通过更换 P1 PCPA 系统柜内 RS931A 板卡，故障消失，系统恢复正常运行。最终可以确定本次站间、极间通信故障是由于 P1 PCPA 柜内 RS931A 板卡故障引起。

3. 故障处理过程

（1）切断极Ⅰ控制系统屏柜 A 内电源，包括主机电源、机箱电源。
（2）对连接在 RS931 板卡上的接头及接线做好记录。
（3）带上防静电护腕，对 RS931 板卡上的接头及接线一一解开。
（4）所有的接线及接头解开后，换上新的 RS931 板卡，按照先前做好的记录逐一恢复接线。
（5）再次对接线和接头位置进行认真核对，防止接错或插错位置。
（6）确认无误后，恢复电源。

8.4.3.6 内水冷系统主泵电机前端轴承异常情况

1. 事故简介

2014 年 10 月 21 日，在班组日常巡视工作中，发现极Ⅱ 2# 主泵电机存在异响，电机底座有明显油迹，如图 8-31 所示。

通过查看 OP 面板，其显示极Ⅱ 2# 主泵电机温度达到 81℃（环境温度 20℃），检查极Ⅰ正常运行的主泵电机，OP 面板显示温度在 67℃，初步怀疑极Ⅱ 2# 主泵电机前端轴承存在异常情况。现场对极Ⅱ 2# 主泵电机进行红外测温，发现电机前端温度达到 79℃。在电机前端轴承处加入 2# 锂基脂后，对连续两个异常点进行重点监视，每日对该异常点进行测温 4 次，测温结果显示电机前端温度基本稳定在 80℃ 左右，最高温度达到 81.1℃。通过联系高澜厂家技术人员先后两次到站核实检查极Ⅱ 2# 主泵电机异常情况，基本确认极Ⅱ 2# 主泵电机前端轴承存在磨损的问题。

图 8-31 极Ⅱ 2# 主泵电机底座油迹

2. 故障检查及原因分析

德阳换流站采用广州高澜公司生产的内水冷系统，主循环泵泵体为 KSB 公司生产的 Etanorm SYA 100-250 型泵体，主循环泵电机为 ABB 公司生产的 M2QA28OS2A 型 75 kW 电机。

1) 故障检查

2015 年大修期间，对极Ⅱ 2# 主泵电机进行了解体检查，如图 8-32 所示；拆卸下的电机轴承如图 8-33 所示。

图 8-32 极Ⅱ 2# 主泵电机解体检查

图 8-33 极Ⅱ 2# 主泵电机拆卸后的电机轴承

电机解体检查的过程中发现，极Ⅱ 2# 主泵电机前端轴承存在润滑油少油的情况，而电机内部及定子上都发现了明显的润滑油痕迹。拆卸下的两只电机轴承从外观看，前端轴承润滑油明显较后端轴承润滑油发黑。拿在手中转动两只轴承，发现后端轴承转动平滑，而前端轴承已不能转动。

2015 年大修期间主泵调试运行阶段，极Ⅱ 1# 主泵电机因过热保护动作（保护定值：95℃），导致主泵切换，将该主泵电机的前、后端轴承拆下后，如图 8-34 所示。

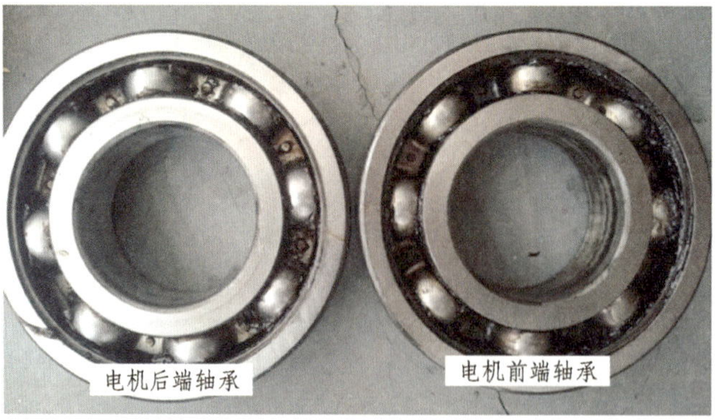

图8-34 极Ⅱ 1#主泵电机拆卸后的电机轴承

拆卸下的两只电机轴承从外观看前端轴承润滑油较后端轴承润滑油黑，比极Ⅱ 2#主泵电机前端轴承颜色浅。拿在手中转动两只轴承，发现后端轴承转动平滑，前端轴承转动过程中有轻微摆动。

2）故障原因分析

德阳换流站主泵电机采用滚动轴承，轴承型号为：6316/C4。HG25103-91规程规定，滚动轴承最高温度不超过95 ℃，并且温升不超过55 ℃（温升为轴承温度减去测试时的环境温度）。按照国家标准，F级绝缘B级考核，电机温升控制在80K（电阻法），90K（元件法）。考虑到环境温度40℃的情况，电机运行最高温度不能超过130 ℃。

电机轴承运行过程中异常发热的原因包括以下8项：

（1）电机轴承本身存在质量问题，在电极高速旋转时产生过多的热量。

（2）电机负荷过大，或是其他散热原因，使电机整体温度过高，致使轴承温度高。

（3）轴承内的润滑脂过少，使轴承旋转时自身的摩擦产生更多热量，长时间运行损坏轴承。

（4）轴承内的润滑脂过多，使轴承内产生的温度不易散去，而且还增加了电机运转时的负荷，使电机电流升高。

（5）电机主轴与所带负荷存在不同心的情况，使电机轴承有不均匀受力时，轴承温度升高。

（6）电机运行环境存在振动过大，增加了轴承的磨损，轴承温度升高。

（7）电机在拆装时安装不精确，运行时可能会导致电流高，轴承温度高。

（8）在夏季，轴承温度受外部环境影响很大。

根据设备质量及设计参数分析，可排除第1、2项原因。2012年年检期间对主泵电机传递振动情况进行检查，确认主泵传递振动对同心度影响不大。2015年大修后，每个水冷间都加装了一台5P柜式空调，满足水冷设备散热要求。长期观察各主泵电机运行时电压、电流工况，电机各相电流值基本在 126 A 左右，未出现电流偏大的情况，可排除第 4 项原因。拆下的极Ⅱ 2# 主泵电机前端轴承分析，该轴承电机润滑油发黑严重，不能手动转动，轴承在少油情况下摩擦生热引起润滑油发黑造成润滑油油质劣化，进一步加剧了轴承的磨损，符合第 3 项原因。拆下的极Ⅱ 1# 主泵电机前端轴承分析，该轴承电机润滑油发黑不严重，能手动转动，但存在摆动现象，符合第 5、7 项原因。通过分析年检检修过程，由于该电机同心度检查完成后，两次拆装了主泵出水口止回阀，造成主泵同心度超标，未校验主泵同心度就投运该电机，从而导致轴承温度升高，电机故障切机。

2015 年 6 月 13 日 03 时 40 分，极Ⅱ 2# 主泵电机再次因温度保护切机，6 月 18 日对该电机的前端轴承润滑油进行检查，发现润化油偏少，加装 3# 锂基脂后，电机恢复运行正常。分析年检检修过程，在拆装电机前端轴承的工作中，均采用火焊烧烤的方法，轴承润滑油烧化后并未再次加注润滑油是使轴承温度升高，电机故障切机的直接原因。

3）故障处理

针对极Ⅱ 2# 主泵电机前端轴承磨损缺陷，大修期间更换了该电机的前、后端轴承，对该主泵的同心度进行调教（同心度 ≤ 0.10 mm），用工业酒精对电机鼠笼转子、定子及电机内壳进行清洁。

针对极Ⅱ 1# 主泵电机过热切机的故障，大修期间整体更换该台电机，对该主泵的同心度进行调教（同心度 ≤ 0.10 mm），并更换了原故障电机的前、后端轴承。

参考文献

[1] 换流站 [M]. 北京：中国电力出版社，1999.

[2] 赵畹君. 高压直流输电工程技术 [M]. 北京：中国电力出版社，2004.

[3] 国网运行有限公司. 换流器及直流控制保护设备 [M]. 北京：中国电力出版社，2009.

[4] 国网运行有限公司. 变压器设备 [M]. 北京：中国电力出版社，2009.

[5] 中国南方电网超高压输电公司. 高压直流设备基础 [M]. 北京：中国电力出版社，2011.

[6] 国家电网公司运维检修部. 换流站运行 [M]. 北京：中国电力出版社，2012.

[7] 国家电网公司运维检修部. 直流控制保护 [M]. 北京：中国电力出版社，2012.

[8] 国家电网公司运维检修部. 换流阀及阀控系统 [M]. 北京：中国电力出版社，2012.

[9] 国网运行有限公司. 换流器设备 [M]. 北京：中国电力出版社，2010.

[10] 国家电网公司运维检修部. 阀冷却系统 [M]. 北京：中国电力出版社，2012.

[11] 国网运行有限公司. 辅助系统设备 [M]. 北京：中国电力出版社，2010.

[12] 国家电网公司变电站（换流站）重大检修管理规定。